Christian Beyer

Quantitative Anorganische Analyse

Aus dem Programm Chemie

E. Gerdes
Qualitative Analytische Chemie
Ein Begleiter für Theorie und Praxis

H. Schmidkunz (Hrsg.)
Periodensystem der Elemente
Informations- und Lern*software*

A. Heintz, G. A. Reinhardt
Chemie und Umwelt

S. M. Owen, A. T. Brooker
Konzepte der Anorganischen Chemie

Vieweg

Christian Beyer

Quantitative Anorganische Analyse

Ein Begleiter für Theorie und Praxis

Der Verlag Vieweg ist ein Unternehmen der Bertelsmann Fachinformation GmbH.

Druck und buchbinderische Verarbeitung: Lengericher Handelsdruckerei, Lengerich
Gedruckt auf säurefreiem Papier

ISBN-13: 978-3-540-67014-8 e-ISBN-13: 978-3-642-61482-8
DOI: 10.1007/978-3-642-61482-8

Vorwort

Erkundigt man sich an den deutschen Hochschulen, welche Fachbücher die Lehrenden in der anorganischen quantitativen Analyse empfehlen, erschrickt man über die vielen verschiedenen Titel. Das zeigt deutlich, daß es kein auf die Pharmazeuten und andere Naturwissenschaftler mit Nebenfach Chemie zugeschnittenes Lehrbuch dafür gibt. Die Schwierigkeit besteht offenbar darin, eine entsprechende Auswahl der Lehrinhalte in der richtigen Tiefe zu treffen. Dabei ist es doch naheliegend, daß Studenten den Vorlesungsstoff nachbereiten möchten.

Ich habe mir zum Ziel gesetzt, die Grundprinzipien selbständigen analytischen Arbeitens, die ja besonders den Pharmazeuten über das Studium hinaus begleiten werden, so zu vermitteln, daß sie für jeden möglichst von Anfang an verständlich und nachvollziehbar sind. Es erschien mir daher der Mühe wert, eine Anleitung dazu in das Buch aufzunehmen.

Befragt man Doktoranden, was sie bei ihrer Forschungsarbeit aus der Analytik gebrauchen, nennen sie, von ihrer speziellen Methodik abgesehen, oft nur unkomplizierte Grundlagen chemischen Rechnens. Es war mir daher wichtig, die Studenten auch mit der Stöchiometrie gründlich vertraut zu machen. So entstand dieses Buch.

Neben diesen beiden Inhalten, selbständiges analytisches Arbeiten und Stöchiometrie, soll es in seinem Hauptteil den anorganischen analytischen Kurs theoretisch begleiten. Die praktischen Beispiele dazu sind bewußt knapp gehalten, geht es doch nicht darum, ein Laborskript zu schreiben. Es wird aber jedes im Studium gebräuchliche anorganische Bestimmungsverfahren behandelt. Erklärende, zum Verständnis nicht unbedingt notwendige Passagen, sind in kleinerer Schrift kenntlich gemacht. Spezielle Hinweise für Pharmazeuten finden sich in den Fußnoten.

Eine Neuerscheinung ist niemals absolut fehlerfrei. Ich bin daher für konstruktive Kritik von Lesern, Studenten wie Lehrenden, dankbar. Erfahrungen aus dem Unterricht sind von beiden willkommen.

Allen, die mir Ratschläge und Anregungen haben zukommen lassen, bin ich dankbar. Meine Frau hat sehr kritisch darauf geachtet, daß der Inhalt auch Fachfremden wenigstens im Prinzip deutlich wird, woran mir viel liegt, denn nur zu schnell droht der Lehrende den Bezug zum Lernenden zu verlieren. Dem Verlag danke ich für die Bereitschaft, das Buch rasch herauszubringen.

Tübingen, Frühjahr 1996 Christian Beyer

Inhaltsverzeichnis

Arbeitsschutz im Labor

> Etwa 30 von uns ... waren im zweiten Studienjahr in das Labor für qualitative Analyse aufgenommen worden. Wir hatten den geräumigen rauchgeschwärzten, dunklen Saal betreten wie jemand, der beim Betreten des Gotteshauses bedachtsam seine Schritte setzt ... Auch hier hat niemand viele Worte verloren, um uns beizubringen, wie man sich vor Säuren, ätzenden Stoffen, Bränden und Explosionen schützt: Bei den am Institut herrschenden rauhen Sitten verließ man sich offenbar darauf, daß die natürliche Auslese ihr Werk tun und diejenigen von uns auserwählen würde, die zum physischen und beruflichen Überleben am meisten geeignet waren. Es gab nur wenige Absaugevorrichtungen; ein jeder setzte gewissenhaft, so wie es das Lehrbuch vorschreibt, bei der systematischen Analyse eine reichliche Dosis Salzsäure und Ammoniak frei, so daß das Labor ständig mit dichtem weißen Nebel aus Ammoniumchlorid erfüllt war, der sich an den Fensterscheiben in winzigen glitzernden Kristallen niederschlug. In den Raum mit dem Schwefelwasserstoff, in dem eine mörderische Luft herrschte, zogen sich Paare zurück, die allein sein wollten, oder Einzelgänger, um ihr Vesperbrot zu essen.[1]

So ähnlich begann auch für mich das Pharmaziestudium. Von Unterweisung war keine Rede, wir lernten aus Erfahrung. Natürlich hatte keiner von uns eine Ahnung, was im Labor gefährlich oder giftig war und was nicht. Erst allmählich wurde man sich bewußt, wie notwendig Kenntnisse zum Arbeitsschutz sind.

Gesetzliche Vorschriften, Richtlinien und Verordnungen sind jedem, der sie lesen muß, ein Graus. Daher möchte ich versuchen, mit einem Rundgang durch das Labor[2] die für das quantitativ-analytische Praktikum relevanten Blickpunkte aufzuzeigen. Dabei verwende ich nur gelegentlich die Begriffe aus den Vorschriften, vereinfache auch hin und wieder etwas, in der Hoffnung, daß so von diesem unterrichtenden Rundgang möglichst viel im Gedächtnis haften bleibt. Kursiv Gedrucktes hat etwas mit den Inhalten der einschlägigen Vorschriften zu tun und soll wichtige Stichworte hervorheben.

Der Raum

Rettungswege und *Notausgänge* sind lebenswichtig. Wo geht's also hinaus?

Die *nach außen* aufgehenden Türen sollten *Scheiben* aus bruchsicherem Glas haben, damit man sehen kann, ob

- beim Hineingehen nicht etwa ein Herauskommender mit der Tür das Gerät in meinen Händen zertrümmert oder

---

[1] Aus: Primo Levi, Das Periodische System, dtv 1991.

[2] Laborrichtlinien gelten selbstverständlich nicht nur für das Labor der anorganischen Praktika, sondern für alle Labors. Daher kommen in diesem Rundgang auch Hinweise vor, die überwiegend für organische Praktika wichtig sind.

- im Labor ein Unfall geschehen ist und Gefahr droht (dann bleibt die Tür erst mal zu).

Gleich beim Eintreten schwebt die erste Gefahr über mir: Ein Glück, daß noch keiner weiß, wie die *Notdusche* in Gang gesetzt wird. Damit man von den zwei Ketten, die sie an- und abstellen, nicht versehentlich die falsche zieht, soll der *Öffner eindeutig* zu erkennen sein. Natürlich hat sie jemand von Zeit zu Zeit *ausprobiert*, nicht nur zum Spaß.

Hat unser *chemisches* Labor genügend breite *Gänge*, *Platz* zum Arbeiten?

Die *Arbeitstische* sehen nicht sehr gemütlich aus, wichtiger ist aber, ob sie ätzende Flüssigkeiten vertragen und diese durch einen Wulst auch am *Heruntertropfen* hindern.

Duschen ist schön, aber wozu die *Augenduschen*? Und das an jedem Wasserhahn! Man sollte sie und jede der anderen *Sicherheitseinrichtungen* nicht einfach so aus Spaß unwirksam machen, sie könnten auch einmal meine Gesundheit retten.

Wo sind die *Feuerlöscher*?

Ich erinnere mich noch, daß es in meinem Organik-Praktikum häufiger kleine Brände gab, wir fanden nichts dabei. Wir wußten alle, daß CO_2-Löscher keine Spuren an Apparaturen hinterließen, so daß also der Brand nicht entdeckt wurde, im Gegensatz zu Pulverlöschern. Deren Einsatz konnte man vom gegenüberliegenden Gebäude aus sehen (und im ganzen Haus hören).

Also noch einmal im Geiste: Ausgänge? Notdusche? Feuerlöscher?

Geräte

Die *Steckdosen* leiden unter der Laboratmosphäre, sie dürfen *nicht naß* werden.

Der *Bunsenbrenner*: Ist sein *Schlauch* rissig? Daß er aus dem richtigen *Material* besteht, darauf verlasse ich mich.

Welche *Heizbäder* werde ich verwenden? Wasser, Öl, Sand? Sandbäder und elektrische Heizquellen *wärmen nach*.

Im quantitativ-analytischen Praktikum werden nur wenige Apparaturen aus Glas gebraucht. Trotzdem: Sie müssen immer richtig, d.h. *spannungsfrei* und sicher, möglichst an *Stativgittern* befestigt, aufgebaut werden.

Wie behandle ich die *Verbindungsschliffe* der Apparaturen richtig, wie lege ich Wasser- und *Stromleitungen*?

Druckgasflaschen können zu Bomben werden, wenn sie durch einen Brand höheren Temperaturen ausgesetzt sind. Allein die Aufprägung 200 bar (o.ä.) gibt zu denken. *Stehen* sie *sicher*? Ist das richtige *Ventil* aufgeschraubt? An ihnen dürfen keine *Manipulationen* vorgenommen werden, hier gibt es eine Menge Vorschriften.

Kleidung, Verhalten

Geteert und gefedert zu sein ist eine grausige Vorstellung und eine lebensgefährliche Lage. Kunststoffkleidung kann bei einem Brand auf der Haut schmelzen und sie versiegeln. Dies führt zum Erstickungstod! Also: Ein *Baumwollabormantel*, die *Ärmel* nicht keß heraufgekrempelt, dazu eine *Schutzbrille* auf der Nase (auch wenn's nicht gerade attraktiv aussieht) und *Handschuhe* in der Tasche sind unerläßlich. *Sauberkeit* am Arbeitsplatz sowie das Verbot von *Essen* und *Rauchen* sind selbstverständlich.

Mit dem Mund *pipettieren* nur die alten, uneinsichtigen Hasen, aber immerhin können sie festsitzende *Stopfen* fachgerecht lösen.

Wissenschaftler können (angeblich) aus 10 Liter fassenden Glasflaschen in ein Reagenzglas treffen. Das ist gut, aber von Verantwortungsbewußtsein Lernenden gegenüber zeugt es nicht: also *Trichter benutzen*!

Welche Arbeiten müssen im *Abzug* gemacht werden? Klar, die, bei denen Dämpfe, Gase und Schwebstoffe entstehen (können). Den Abzug muß man so weit wie möglich *schließen*, sonst nützt er nichts (den Kopf draußenlassen). Eingriffsmöglichkeiten von außen auch bei geschlossenen Scheiben, z.B. durch *seitlich verschließbare* Scheiben, wären sehr gut.

Sein Auto wird man auch nicht allein losrollen lassen, also *bleibe* ich bei meinem Versuch, solange er läuft.

Ist ein Versuch *außer Kontrolle* geraten? Dann muß ich den Bereich sofort *räumen* und die Kollegen *warnen*.

Die besten *Abfälle* sind die, die nicht entstehen. Die wenigen wirklich unvermeidbaren, die nicht nur aufgrund von Bequemlichkeit angefallen sind, gehören wenigstens sachgerecht ent„sorgt“. Wo stehen die *Behälter*? *Welche* Schadstoffe werden gesammelt? Nicht den nächsten „Besten“ nehmen, bitte!

Und wenn doch jemand zu *Schaden* gekommen ist? Was weiß ich noch *von Erster Hilfe*? Wo ist der *Verbandskasten*?

Stoffe und der Umgang mit ihnen

Kann ich die *Gefährlichkeit* selbst einschätzen? Die meisten Stoffe sind bereits charakterisiert.[1] In der *Gefahrstoffverordnung* (GefStoffV vom 26.10.93, zuletzt geändert am 19.9.94) stehen im Anhang I Nr. 1.2.2 die Einstufungskriterien und die Auswahl der Gefahrensymbole. Unter Nr. 2 sind die Gefahrensymbole dargestellt (s. Tab. 1):

---

[1] Stoffe, die *noch nicht* in die Gefahrstoffliste *eingeordnet* sind, das sollte selten der Fall sein, müssen anhand des Anhangs I, Nr. 1 der Gefahrstoffverordnung *selbst eingestuft* werden. Dazu sind wichtige Daten nötig, vor allem die *Toxizität*. Sollte auch dazu eine Angabe fehlen, muß der Stoff mit dem Hinweis *Achtung: noch nicht vollständig geprüfter Stoff* versehen sein.

Tabelle 1: Kennzeichnung von Gefahrstoffen

Kennbuchstabe	Gefahrenbezeichnung	Beispiele
T+	*sehr giftig*	Brom
T	*giftig*	Cyanide, Methanol, Nicotin, Phenol
C	*ätzend*	Brom, Essigsäure, Natronlauge, Schwefelsäure, Silbernitrat
Xn	*gesundheitsschädlich*	Iod, Kaliumpermanganat, Oxalsäure
Xi	*reizend*	Kaliumdichromat, Natriumhydroxidlösung 1–5%

Die Begriffe *sehr giftig*, *giftig*, *ätzend*, *gesundheitsschädlich* und *reizend* sind natürlich genau *definiert*, es genügt völlig, sie ernst und wörtlich zu nehmen.

Sind auf den Gefäßen der Arbeitsplatzchemikalien die Stoffe auch richtig (leserlich, dauerhaft), einschließlich der *Gefahrstoffsymbole, bezeichnet*?

Zu jedem Stoff gehören *Hinweise auf die besonderen Gefahren* des Stoffes, kurz *R-Sätze* genannt. Sie sind in der GefStoffV beschrieben. Wo hängen sie im Labor?

Neben den Gefahren werden für jeden Stoff der GefStoffV *Sicherheitsratschläge* aufgelistet für den Fall, daß jemand damit in Berührung gekommen ist. Diese Sicherheitsratschläge werden kurz *S-Sätze* genannt. Auch sie sind im Labor angeschlagen. Wo?

„*Kann Krebs erzeugen*" ist ein weiterer wichtiger Hinweis, wenn ganz besondere Vorsicht geboten ist. Die Liste dieser speziellen Stoffe steht ebenfalls in der GefStoffV.

Erbgutverändernde Stoffe sind besonders gefährlich für *Schwangere. Gebärfähige* Frauen (das sind im allgemeinen alle Frauen im gebärfähigen Alter) dürfen nicht mit blei- oder quecksilberalkylhaltigen Stoffen ab einer bestimmten Konzentration (also am besten gar nicht) in Berührung kommen, Schwangere nicht mit sehr giftigen, giftigen, gesundheitsschädlichen oder sonst den Menschen chronisch schädigenden Gefahrstoffen. Letztlich müßte jedoch ein Arzt über eine Beschäftigung an einem solchen Arbeitsplatz entscheiden. Eine Schwangerschaft, auch eine mögliche, muß dem Laborleiter gemeldet werden!

Stoffe, die gesundheitsgefährdende *Dämpfe* abgeben, gehören nicht in den Laborschrank, sondern in einen dauernd laufenden Abzug.

Wofür die Universität zu sorgen hat

Fußböden und Lüftung müssen den Vorschriften entsprechen, die Not- und Augenduschen regelmäßig geprüft werden.

Für den Brandfall muß ein Alarmplan vorhanden sein. Was nun aber das *spezielle Labor* angeht, muß die Universität die dortigen, besonderen Gefahren *ermitteln* und in einer *Betriebsanweisung* Richtlinien festlegen, wie in diesem konkreten Labor zu verfahren ist. Der Laborleiter hat alle, die dort arbeiten, regelmäßig einmal pro Semester zu *unterweisen*. Schließlich ist er auch für die sachgerechte *Entsorgung* der Gefahrstoffabfälle verantwortlich.

Betriebsanweisungen gelten also nur für ein *bestimmtes* Labor. Sie beruhen auf §20 GefStoffV und müssen ausliegen. Ein spezieller Teil der Betriebsanweisung, oft z.B. *Teil C* genannt, listet die in diesem Labor vorkommenden Stoffe auf, charakterisiert ihre Eigenschaften, regelt den Umgang und die Entsorgung. Auch diese Liste muß im Labor vorhanden sein. Wo ist sie?

Ich betone nochmals: Hinter jedem *kursiv* gesetzten Wort versteckt sich eine bindende Vorschrift in der Gefahrstoffverordnung, vieles wurde hier gar nicht angeschnitten. Von den Literaturangaben ist sicher einiges in der Bibliothek vorhanden, sie dienen als Nachschlageempfehlung.

1 Chemisch-analytisches Arbeiten

1.1 Zielsetzung

Dieses Kapitel dient dazu, dem angehenden Pharmazeuten oder Naturwissenschaftler ein Gespür für chemisch-analytisches Arbeiten zu vermitteln. Das Beherrschen des analytischen Bestimmungsverfahrens, dessen Einzelheiten man ja in aller Regel schriftlich vor sich auf dem Labortisch liegen hat, ist ohnehin obligatorisch und braucht nicht besonders hervorgehoben zu werden. Fehler in den Ergebnissen resultieren leider viel öfter aus Nachlässigkeiten und Unkenntnissen bei der Probenbehandlung und Gerätebedienung als aus Mängeln im Verfahren. Es ist Aufgabe des Analytikers, durch Stellen von Fragen und Sammeln von Informationen das analytische Problem einzugrenzen und danach mit Erfahrung und Geschick einen Lösungsweg zu finden. Das Ziel ist nicht, einen Gerätebediener oder Werteableser auszubilden, der nur an den Knöpfen der Geräte drehen und Analysenvorschriften nachkochen kann.

Die folgenden Prozeduren und Hinweise beziehen sich zwar in erster Linie auf die *manuelle* maßanalytische Bestimmung von anorganischen Stoffen, also auf das Titrieren. Es soll aber zugleich versucht werden, mit diesen möglichst allgemein gehaltenen Hinweisen zu verdeutlichen, daß sie völlig gleichwertig auch für andere analytische Verfahren gelten, z.B. solche, die von automatisch arbeitenden Geräten erledigt werden. Diese wollen programmiert sein, wofür eben Kenntnisse des analytischen Arbeitens nötig sind. Der Neuling möge also nicht meinen, die Apparate werden später ohnehin von selbst alles richtig machen.

Im folgenden wird das zu analysierende Material *Probe*, eine Teilmenge daraus *Muster* genannt. *Stoffe* sind die darin in ihrer Menge zu bestimmenden Elemente oder Verbindungen.

1.2 Geräte

Die Maßanalyse bestimmt Stoffe in Proben überwiegend durch volumetrisches Abmessen von Flüssigkeiten. Daher werden hier in erster Linie Volumenmeßgeräte[1] behan-

[1] Die ersten Geräte für die Titration wurden von DESCROIZILLES 1795 (Pipette) und 1809 (Meßkolben) eingeführt. Die erste Auslaufbürette wurde 1846 von HENRY konstruiert.

delt. Alle Volumenmeßgeräte sind für eine bestimmte Temperatur justiert, die auf dem Gerät aufgedruckt ist. Nur bei dieser Temperatur messen sie das angegebene Volumen.

Volumenmeßgeräte tragen eine Justiermarke. Steht der Meniskus an dieser Marke, ist das angegebene Volumen erreicht. Zwei weitere Begriffe präzisieren dies:

Justierung auf *Einguß*, mit *In* bezeichnet, bedeutet, daß die *aufgenommene* Flüssigkeitsmenge der aufgedruckten Volumenangabe entspricht. Die abgegebene Flüssigkeitsmenge ist um den Teil kleiner, der als Flüssigkeitsfilm an der Glaswand hängen bleibt. Die auf *In* justierten Geräte wie Meßzylinder, Meßkolben und Kapillarpipetten geben also nicht definierte Volumina ab, sondern nehmen solche auf.

Meßzylinder dienen einer Grobabmessung und werden daher im folgenden nicht näher behandelt.

Tabelle 1-1 Einteilung der Volumenmeßgeräte nach ihrer Kalibrierung

Auf Einguß (In) justierte Geräte	Auf Ausguß (Ex) justierte Geräte
Meßzylinder	Meßpipetten
Meßkolben	Vollpipetten
Kapillarpipetten	Büretten

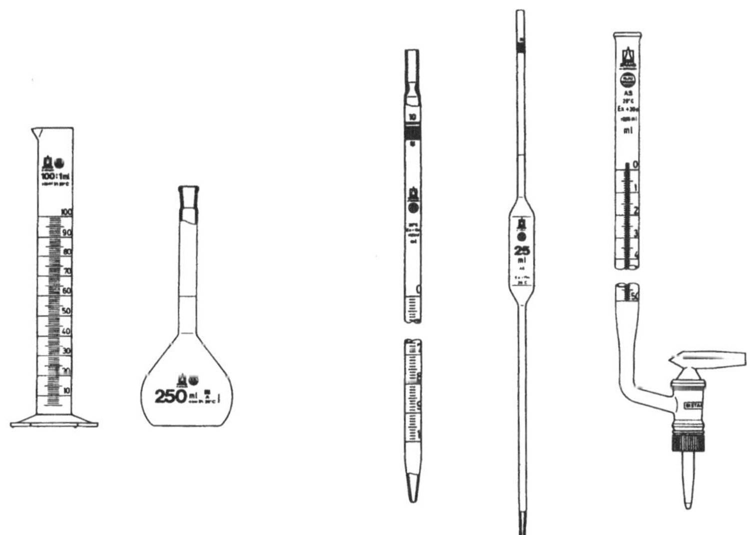

Bild 1-1 Volumenmeßgeräte. Meßzylinder und Meßkolben (links), Meßpipette, Vollpipette und Bürette (rechts). Aus Firmenschrift der Fa. Brandt GmbH, Wertheim,

Justierung auf *Ausguß*, mit *Ex* bezeichnet, bedeutet, daß die *abgegebene* Flüssigkeitsmenge der aufgedruckten Volumenangabe entspricht. Der durch Benetzung zurückbleibende Rest gehört *nicht* zum korrekten Volumen! Auf *Ex* justierte Gcräte wie Meß- und

Vollpipetten sowie Büretten geben also definierte Volumina ab, und dabei spielt die korrekte Handhabung eine wichtige Rolle.

Volumenmeßgeräte für die Maßanalyse[1] werden in die Güteklassen A, AS und B unterteilt. Die Klasse kennzeichnet die Eichfähigkeit, Genauigkeit und die korrekte Handhabung. In den Klassen A und AS wird ausschließlich Glas als Werkstoff verwendet. Geräte der Klasse AS sind Schnellablaufgeräte mit größerer Spitzenöffnung. Richtigkeit der Anzeige und Variationskoeffizient der Volumenreproduktion (s. Kap. 1.5.5) liegen innerhalb der von DIN und ISO festgelegten Grenzen. Daher kann für diese Volumenmeßgeräte vom Hersteller eine Konformitätsbescheinigung ausgestellt werden. In der Klasse B ist dies nicht möglich, diese Geräte haben höhere Fehlertoleranzen. Konformität heißt Übereinstimmung des Geräts mit der Zulassung und damit der Eichordnung. Die Klassen A und AS unterscheiden sich in der korrekten Handhabung (s. Tab. 1-2).

Tabelle 1-2 Klasseneinteilung der Pipetten am Beispiel einer 25-ml-Pipette

Klasse A	Klasse AS	Klasse B
konformitätsbescheinigt	konformitätsbescheinigt	
Ablaufzeit 25 – 50 s	Ablaufzeit 10 – 15 s + Wartezeit 15 s	Ablaufzeit 10 – 20 s

Ausblaspipetten sind Geräte mit Schnellablauf. Sie sind gekennzeichnet mit dem Aufdruck *ausblasen*. Ihre Genauigkeit ist mit der der Klassen A und AS vergleichbar. Die Wartezeit wird durch Ausblasen ersetzt. Für sie kann keine Konformität bescheinigt werden. Die *Ablaufzeit* ist die Zeit, die der Flüssigkeitsmeniskus benötigt, um von der Justiermarke bis zum Stillstand in der Spitze oder an einer zweiten Justiermarke zu gelangen. Die *Wartezeit* beginnt nach der Ablaufzeit. In dieser Zeit fließt Restflüssigkeit an der Glaswand nach unten. Dadurch steigt der Meniskus wieder an. Nach der Wartezeit wird die Spitze an der Gefäßwand abgestreift. Die zurückbleibende Flüssigkeitsmenge gehört nicht zum korrekten Volumen[2].

---

[1] Das Arzneibuch weist unter IV, Allgemeine Vorschriften, Geräte und Verfahren, darauf hin, daß Glasgeräte zur Maßanalyse den Anforderungen der Klasse A der Internationalen Normenorganisation ISO entsprechen müssen. ISO heißt International Organisation for Standardisation. Seit 1951 gehört die DIN, Deutsche Industrie Norm, der ISO an.

[2] Das Arzneibuch bestimmt unter Allgemeine Vorschriften, Prüfung auf Reinheit, Gehaltsbestimmung, Mengenangaben zur Auswahl der Volumenmeßgeräte, folgendes:
Ist bei Volumenmessungen die letzte Ziffer nach dem Komma eine Null oder ist die letzte Ziffer eine Null, z.B. 10,0 bzw. 0,50 ml, bedeutet dies, daß das Volumen mit Hilfe einer Vollpipette, eines Meßkolbens oder einer Bürette gemessen werden muß.

1.2.1 Büretten

Büretten sind die maßanalytisch wichtigsten Meßgeräte und werden daher in diesem Buch zuerst behandelt.

Büretten dienen zum Abmessen beliebiger Flüssigkeitsmengen. Sie fassen oft 10, 30 oder 50 ml und sind in 1/50 bzw. 1/10 ml unterteilt, so daß 1/100 bzw. 1/20 ml geschätzt werden können.

1.2.1.1 Füllen von Büretten

Büretten werden mit der Reagenzlösung gefüllt, wobei man einen Trichter, bei der 10 ml fassenden Feinbürette einen besonders fein ausgezogenen Trichter, eine sog. Tulpe, verwenden kann. Langsames Füllen vermeidet Luftblasen, die sich besonders bei der Feinbürette nachträglich manchmal schwer nach oben entfernen lassen. Gibt es trotz langsamen Füllens Probleme mit eingeschlossener Luft, läßt man die Flüssigkeit durch eine Tulpe in die schräg gehaltene Bürette hineinlaufen, so daß sie an der Innenwand entlangläuft. Eventuell im abgebogenen Teil und im Auslaufhahn, auch Küken genannt, befindliche Luft entfernt man durch Ablassen der Reagenzlösung (in ein Becherglas) und erneutes Auffüllen. Läßt man bei einer Messung die Lösung zu schnell ablaufen, bleibt an der Wand Flüssigkeit haften, die den Meniskus danach wieder steigen läßt. Diesen Fehler vermeidet man entweder durch Warten vor dem Ablesen oder durch langsames Ablassen. Letzteres ist nahe dem Titrationsendpunkt ohnehin erforderlich.

1.2.1.2 Reinigen

Eine gute Benetzung und Leichtgängigkeit des Hahnes sind elementare Voraussetzungen für den Gebrauch. Unsaubere Büretten geben ungenaue Volumina ab. Spuren von fettartigen Belägen auf den inneren Oberflächen erkennt man daran, daß kurze Zeit nach Abfließen des Inhalts unregelmäßige Flecken oder Tropfen an den Wänden entstehen und der Meniskus sich schlecht ausbildet. Organische Verunreinigungen lassen sich mit Alkohol oder Aceton entfernen, die schon wegen der Wassermischbarkeit empfehlenswert sind. Meist genügt für Glasgeräte aber schon eine neutrale oder alkalische Permanganatlösung, die man auch über Nacht in der Bürette mit einem Becherglas darunter stehenlassen kann. Entstehendes Mangandioxid entfernt man anschließend mit verdünnter Salzsäure. Zum Schluß wird mit Leitungswasser und dann mit demineralisiertem Wasser gespült.

1.2.1.3 Trocknen von Büretten

Trocknen muß man eine Bürette gewöhnlich nicht, und wenn doch, dann nach Spülen mit wenig Aceton und Durchsaugen von Luft durch ein vorgesetztes Stück Filterpapier. Das Küken braucht dazu nicht ausgebaut zu werden, wenn man es leicht gefettet hat. Zuviel Fett verstopft den Auslauf. Einfacher ist es dennoch, das Küken auszubauen und die Bürette kopfunter lufttrocknen zu lassen. Ein Erwärmen der Volumenmeßgeräte ist nicht sinnvoll, denn sie nehmen nach der Ausdehnung nur sehr langsam ihr ursprüngliches Volumen wieder an.

1.2.1.4 Spülen und Neubefüllung von Büretten

Soll mit einer anderen wässrigen Lösung weitergearbeitet werden, ist es unnötig, mit Wasser zu spülen. Dieses muß nämlich anschließend von der neuen Maßlösung verdrängt werden, und man hat nichts gewonnen. Zu diesem „Spülen" einige Bemerkungen: Es ist durch nichts begründet und verschwenderisch, die Bürette *ganz* mit neuer Maßlösung zu füllen und ganz wieder abzulassen, das Abgelassene dann zur „Spüllösung" zu erklären und ad infinitum weiterzugeben. Bei jedem „Spülen" dieser Art ändert sich nicht nur die Konzentration an Reagens durch verdrängtes Wasser, sondern, schlimmer, es kommen Fremdstoffe durch die vorige Maßlösung hinein, die weiter verschleppt werden.

Daher wird grundsätzlich mit neuer Maßlösung gespült, und zwar in der Weise, daß man zuerst die Bürette ganz in ein Becherglas abläßt, danach *wenig neue* Maßlösung an den Wänden der Bürette herunterlaufen läßt und diese Flüssigkeit ganz abläßt. Dieser Vorgang wird noch einmal wiederholt, und noch ein weiteres Mal, wenn es auf Spuren ankommt. Der Sinn dieser Prozedur ist, die wenige anhaftende Flüssigkeit bei jedem Spülen *zu verdrängen*, nicht Altes mit Neuem zu vermischen, und natürlich möglichst wenig gute Maßlösung zu verschwenden.

Die hier beschriebene Technik gilt ganz grundsätzlich bei analytischen Arbeiten und bei allen Gefäßen, die gespült werden müssen. Eine einfache Rechnung soll den Effekt dieser Technik zeigen: Es sei ungünstigenfalls 1 ml einer Fremdlösung aus einem 50 ml fassenden Gerät zu entfernen. Bei jedem Spülvorgang wird unterstellt, daß 90% der Fremdlösung dabei entfernt werden. Man spült einmal mit 10 ml Flüssigkeit. Der zurückbleibende Milliliter enthält noch 10% der Fremdlösung! Nun wird dreimal mit 10 ml, also insgesamt mit 30 ml gespült. Bei jedem Spülen sinkt die Fremdlösungsmenge auf 10% der vorigen Menge. Zurück bleiben also 0,1%.

Im Gegensatz dazu spülen wir besser fünfmal mit 2 ml, also insgesamt mit nur 10 ml. Dabei werden nur 2/3 der Fremdlösung entfernt. Ihr Anteil sinkt über 33%, 11%, 3,7%, 1,23% auf 0,412%. Zehnmal mit 1 ml, also wieder nur mit 10 ml Gesamtmenge gespült, sinkt er auf 10^{-3} %. Durchmischen sich die Lösungen nicht, wie in obigem Beispiel unterstellt, sondern läßt man die neue Maßlösung durch langsames Ablaufen an den Wänden die Fremdlösung verdrängen, lassen sich noch weit bessere „Reinigungs"effekte erzielen.

Vor einer neuen Messung muß man die Bürette nicht unbedingt wieder ganz auffüllen und den Meniskus auf den Nullpunkt einstellen, wenn zu erwarten ist, daß nur einige wenige Milliliter gebraucht werden. Auffüllen und neu Einstellen auf den Nullpunkt erfordert Zeit und verbraucht Lösung. Man notiert einfach den Anfangsstand des Meniskus und rechnet!

1.2.1.5 Titrieren

Die beabsichtigte chemische Reaktion der maßanalytischen Bestimmung läßt man in der Weise ablaufen, daß sukzessive Maßlösung aus der Bürette in ein genügend großes Gefäß, am besten in einen Erlenmeyerkolben, tropft. Dazu braucht man zwei Hände: Die geschicktere bedient den leichtgängig gemachten Hahn so, daß er anfangs eine schnelle Tropfenfolge, später gleichmäßig etwa einen Tropfen alle zwei Sekunden abläßt. Sie ist jederzeit bereit, das Tropfen zu unterbrechen. Die andere Hand schwenkt den Kolben kontinuierlich, um die Lösungen zu mischen.

Schubweises Zusetzen mehrerer Milliliter ist nicht zu empfehlen, da man unversehens „übers Ziel hinausschießen" könnte. Hat man allerdings schon einen orientierenden Vorversuch gemacht, darf man einen Großteil des erwarteten Verbrauchs zügig zugeben.

Am tiefsten Punkt des Meniskusbogens wird die Skala der Bürette abgelesen. Dabei soll man den Meniskus in Augenhöhe haben, damit nicht durch eine Parallaxe ein Fehler entsteht. Der blauweiße Streifen an der gegenüberliegenden Wand der Bürette heißt Schellbach-Streifen. Der Meniskus verzeichnet ihn zu einer Spitze, an der abgelesen wird. Senkrechtes Einspannen der Bürette ist selbstverständlich, es kommt aber nicht auf wenige Grad an.

Titrieren mit Automaten

Titrierautomaten sind Geräte, die automatisch titrieren können. Dazu benötigen sie ein elektrisches Signal, das ihnen den Fortgang der Titration anzeigt. Am Beispiel einer Säure-Base-Titration sei dies näher erläutert:

Der Säuregrad (pH-Wert) kann mittels einer Glaselektrode als Potentialdifferenz („Spannung") verfolgt werden. Der Automat regelt nun die zugegebene Basenmenge durch einen Regelkreis. Sind die pH-Wert-Änderungen noch klein, gibt er große Basenmengen zu, werden sie in Äquivalenzpunktnähe größer, reduziert er die Zugabemengen, so daß die Genauigkeit steigt. Nach dem Äquivalenzpunkt werden dann durch die geringeren pH-Wert-Änderungen die zutitrierten Basenmengen wieder größer.

Man muß einem solchen Automaten selbstverständlich das Titrieren erst „beibringen", und deshalb muß festgelegt werden,

- was titriert werden soll: z.B. Säure-Base-Titration mit Erfassen sämtlicher Äquivalenzpunkte;
- wie titriert werden soll: z.B. die Größe des maximalen, auf einmal zugegebenen Bürettenvolumens, das kleinste zudosierte Bürettenvolumen, die Art der Meßgröße (pH-Wert oder Potential in mV), ob der erste oder der steilste Äquivalenzpunkt erfaßt werden soll, die Größe der Potentialänderung pro zudosiertem Volumeninkrement, die minimale und die maximale Wartezeit vor erneuter Volumenzugabe, eine Vorweg-Zugabe unabhängig von obiger Regelung, das Titrationsende.

Für eine ebenfalls vom Automaten auszuführende Berechnung von Ergebnissen muß zusätzlich festgelegt werden:

- die Einheit des Resultats und damit die für die Berechnung notwendigen Parameter,
- ob und wenn ja welche Daten, Titrierkurven, deren Ableitungen oder eine Meßwerttabelle ausgegeben werden sollen.

Dies sind nur die wichtigsten Gesichtspunkte für die Programmierung eines Titrierautomaten. Aber nicht nur das Titrieren, auch die Probenaufbereitung (Lösen, Spülen, Dosieren) kann man ihm „beibringen".

Die Geräte arbeiten sehr komfortabel, daher setzen sie sich mehr und mehr durch. Fundierte Kenntnisse quantitativ-chemischen Arbeitens sind aber, wie man sehen kann, erforderlich, um ein zufriedenstellendes Titrationsverfahren zu erarbeiten und in ein fehlerfreies Titrationsprogramm umzusetzen.

1.2.2 Pipetten

Pipetten sind Volumenmeßgeräte für kleine Mengen. Wo es nicht so genau darauf ankommt, mißt man mit Meßpipetten, viel genauer zu reproduzierende Mengen mißt man mit Vollpipetten ab. Erstere kommen für unkritische Zusätze, letztere für genaue Mengen und beim Teilen eines Lösungsvolumens in Frage. Über Justierung auf Ausguß, Wartezeit und Abstreifen wurde schon gesprochen (s. Kap. 1.2).

1.2.2.1 Füllen und Entleeren

Man saugt mit einem Peleusball die Flüssigkeit bis über die Justierung (Marke) und verschließt die Saugöffnung. Jetzt kann man die äußerlich anhaftende Flüssigkeit abwischen. Danach läßt man den Meniskus langsam bis zur Marke ab. Nach Öffnen läuft der Inhalt dann frei ins Gefäß; man wartet einen Augenblick (genauer: 15 s) und streift dann die Spitze einmal an der Gefäßwandung oder der Flüssigkeitsoberfläche ab.

Das Problem des Spülens und Trocknens tritt bei Pipetten kaum auf: Man stellt die evtl. gespülte Pipette einfach auf ein Stück Filterpapier und hat immer ein einsetzbares Gerät. In seltenen Fällen saugt oder drückt man Luft durch die Pipette, um sie zu trocknen.

1.2.3 Meßkolben

Meßkolben dienen zum Herstellen eines bestimmten Volumens einer Lösung. Sie sind auf Einguß justiert. Hat die eingefüllte Lösung eine von der Laborluft abweichende Temperatur, weil man z.B. Natriumthiosulfat darin gelöst hat, wird nicht gleich bis zur Marke aufgefüllt, sondern erst der Temperaturausgleich abgewartet. Auch wenn keine Lösewärme frei oder verbraucht wird, füllt man den Kolben zum besseren Schwenken nur zu 3/4 seines Volumens auf, wartet das Lösen und ggf. den Temperaturausgleich ab und füllt dann erst mit einer Pipette tropfenweise bis zur Marke auf. Ganz ordentlich ist es, über der Marke anhaftende Flüssigkeit mit einem zusammengerollten Filterpapier abzuwischen und/oder den Kolben vor dem Auffüllen ins Temperierbad zu stellen. Nach dem Verschließen des Kolbens wird durch Umschütteln vermischt, am besten, indem man den verschlossenen Kolben auf den Kopf stellt und mit der großen Luftblase umrührt.

Ein Meßkolben dient oft zum definierten Teilen einer Lösung, wenn man nur einen Bruchteil, das sogenannte Aliquot, des Probenansatzes bestimmen will. Die hierzu verwendeten Pipetten müssen auf den Meßkolben abgestimmt sein, d.h. eine fünfmal benutzte 20-ml-Pipette muß den 100-ml-Meßkolben genau bis zur Marke füllen. Ist das nicht der Fall, wird eine neue (individuelle) Marke am Kolbenhals angebracht. Diese gilt dann nur für das verwendete Gerät. Die Genauigkeit der Teilung ist damit zuverlässig gewährleistet, auch wenn beide Geräte fehlerbehaftet waren.

Hat man versehentlich über die Marke aufgefüllt, ist dieser Fehler eigentlich nicht zu korrigieren.

Meßkolben brauchen in der Regel nicht trocken zu sein, sie werden, wie oben beschrieben, gespült. Trocknen unter Wärme ist, wie schon begründet, ein Fehler. Will man Feststoffe einwiegen, ist ebenfalls keineswegs immer ein trockener Kolben nötig, allerdings erleichtert er das Einbringen der Festsubstanz. Nur Stoffe, die rasch mit dem Lösemittel reagieren, werden besser in den trockenen Kolben eingewogen. Dazu spült man mit Alkohol oder notfalls mit Aceton und trocknet mit Luft, die man durch einen dünnen Schlauch, ersatzweise durch eine Pipette, bis zum Boden des Kolbens einleitet. Besser ist, man sorgt vor und läßt den Kolben rechtzeitig lufttrocknen.

1.2.4 Tiegel

Tiegel und Filtertiegel aus Porzellan dienen der gravimetrischen Analyse. Sie werden z.B. gebraucht, um die Sulfatasche zu bestimmen (s. Kap. 3.5.2.1). Im Tiegel wird ein Muster der Proben verascht. Die dabei entstehenden sehr kleinen Aschemengen erfordern sorgfältige Handhabung, damit sich nicht durch Hochrechnen die Fehler vervielfachen.

1.2.4.1 Tiegel auf Gewichtskonstanz bringen

Der saubere, trockene Tiegel wird bei 600 °C so lange geglüht und sauber abgekühlt, bis er gewichtskonstant[1] ist, d.h. bis Gewichtsdifferenzen aufeinanderfolgender Wägungen kleiner als etwa 1 mg sind. Danach wird die Substanz verascht und der Tiegel sorgfältig getrocknet und geglüht. Auch im kalten Zustand wird der Tiegel nur mit der Tiegelzange, die hierfür extra eine bauchartige Erweiterung hat, manipuliert. Ohne diese Erweiterung fiele womöglich Rost von der Zange in den Tiegel, und die Analyse wäre nicht mehr verwertbar.

Beschriften kann man die Tiegel am besten auf der unglasierten Unterseite. Dazu hat sich ein Spatel bewährt, mit dem man eine Metallspur auf die Unterseite reibt. Mineralische Stoffe eignen sich auch, am besten als aufgetragene und getrocknete Lösungen, manchmal genügt aber auch schon ein Bleistift. Die Beschriftung sollte natürlich vor der Wägung erfolgen.

---

[1] Glühen bis zur konstanten Masse bedeutet nach den Allgemeinen Vorschriften des Arzneibuchs, daß zwei aufeinanderfolgende Wägungen um höchstens 0,5 mg voneinander abweichen dürfen.

Glassinterfilter

Glassinterfilter (Fritten) werden durch Sintern von Glasgries hergestellt und dienen zum Filtrieren mit anschließendem analytischen Wiegen des Rückstands. Der Durchmesser der Filterporen soll etwas kleiner sein als die kleinsten abzutrennenden Teilchen.

Geräteglas 20 hat die Bezeichnung „G", Duranglas 50 heißt „D".

Tabelle 1-3 Porenweite und anwendung von Glassinterfiltern[1]

Nr.	Nennwert der maximalen Porenweite [μm]	Anwendungsgebiet
0	150–200	Gasverteilung in Flüssigkeiten
1	90–150	Grobfiltration
2	40–90	präparative Feinfiltration
3	15–40	analytische Filtration mittelfeiner Niederschläge
4	9–15	analytische Feinfiltration
4f	4–9	Feinstfiltration, Bakteriengrobfiltration
5	1,0–1,71	Bakterienfiltration
5f	< 1,0	bakteriologische Sonderaufgaben

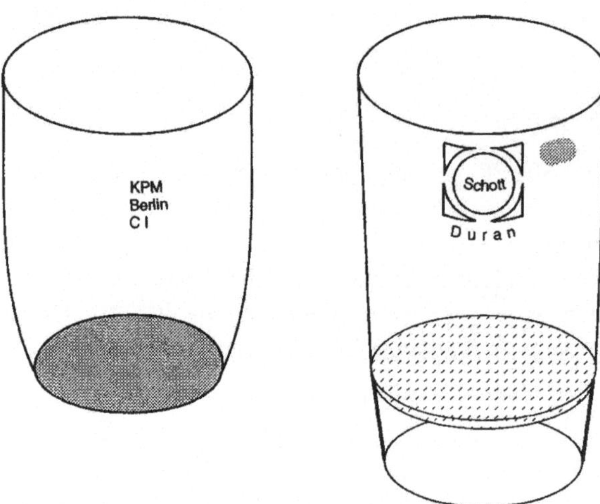

Bild 1-2 Porzellantiegel und Glassinterfilter

[1] Eine Vergleichstabelle der verschiedenen Bezeichnungen von Glassinterfiltern der Länder Deutschland, England und Frankreich findet man im Arzneibuch unter V.1.2.

Trocknen von Glassinterfiltern

Die Aufheizgeschwindigkeit beim Trocknen von Glassinterfiltern sollte kleiner als 20 K[1]/min sein. Gereinigt werden sie durch Abspritzen, Abwischen mit einem Gummiwischer oder Rückspülen, nicht aber durch Kratzen u.ä.

Porzellansinterfilter

Flußmittelfreie Kaoline und Tone werden bei der Garbrandtemperatur des Tons verkittet, aber nicht geschmolzen. Die so entstandenen Filter haben 5 bis 10 µm Porenweite und sind abriebempfindlich. Als Porzellanfilter gibt es für normale Niederschläge die Typenbezeichnungen A1 (= 1 G 3) und A2 (= 1 G 4) für feine Niederschläge. Man soll mit möglichst geringem Unterdruck filtrieren.

Trocknen von Porzellanfiltern

Zum Trocknen im Trockenschrank bei 100 bis 200 °C stellt man den Filter auf eine saubere Unterlage möglichst schräg auf, damit auch der Boden belüftet wird; ist er noch leer, läßt man ihn bei 110 °C 20 bis 30 min lang trocknen. Zum Glühen muß man ihn vorher *völlig* trocknen, sonst bekommt der Tiegel Risse! Dann kann man ihn langsam auf höhere Temperaturen bringen.

1.2.5 Waagen

„Maßanalytisch arbeiten" heißt zwar zunächst, eine Stoffmenge durch ein *Volumen* einer Maßlösung zu bestimmen, trotzdem ist die Waage ein wichtiges und entscheidendes Instrument. Denn sowohl die Maßlösung selbst als auch das Muster aus der zu bestimmenden Probe werden oft mit Hilfe der Waage gewonnen.

Genauigkeitsklassen von Waagen[2] sind in der folgenden Tabelle verzeichnet:

Tabelle 1-4 Genauigkeitsklassen von Waagen

Bezeichnung	Symbol	Anzahl der Teilungen
Grobwaage	IIII	100 bis 1.000
Handelswaage	III	500 bis 10.000
Präzisionswaage	II	5.000 bis 100.000
Feinwaage	I	> 100.000

[1] Temperaturdifferenzen werden in Kelvin angegeben, auch wenn der Einheitenname der Temperatur °C ist. Grad Celsius und Kelvin sind bei Temperaturdifferenzen identisch.

[2] s. Pharm.i.U. Zeit 14, 161 (1985)

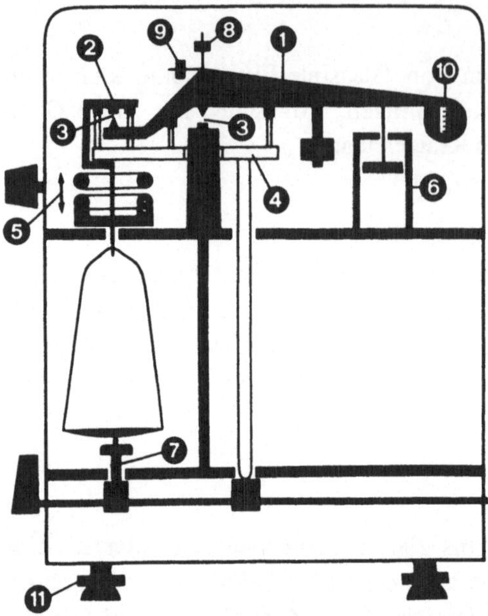

Bild 1-3 Die mechanische Analysenwaage. Erklärung s. Text

Am Waagebalken 1 sieht man rechts das Gegengewicht und links das „Gehänge“ (2). Der Waagebalken und das Gegengewicht liegen auf Schneiden (3) auf, von denen sie im Ruhezustand durch den Arretiermechanismus (4) abgehoben werden. Die schaltbaren Gewichte (5) substituieren das Gewicht des zu wiegenden Gegenstands. Damit der Waagebalken nicht so lange schwingt, bremst ihn die Luftdämpfung (6). Die Waagschale wird im arretierten Zustand von Stift (7) gebremst. Mit der Empfindlichkeitsschraube 8 kann der Schwerpunkt des Waagebalkens vertikal, mit der Nullpunktsschraube (9) kann er horizontal verlegt werden. Der Waagebalkenausschlag wird bei (10) abgelesen. Drehbare Füße richten die exakte horizontale Aufstellung ein.

Die Genauigkeitsklassen sind durch die Anzahl der Zahlenschritte bestimmt, in die der Wägebereich eingeteilt werden kann. Bei Feinwaagen etwa wird der Wägebereich von z.B. 160 g in über 100.000 Schritte geteilt. Man kann diese Zahl leicht selbst ausrechnen, wenn man die Höchstlast durch die kleinste angezeigte Gewichtsdifferenz, hier 0,1 mg, teilt: 160 g/0,1 mg = 1.600.000. So viele Zahlenschritte sind also ablesbar. Eine Handelswaage auf dem Markt bringt es vielleicht auf 20 kg/5 g = 4.000 Schritte, eine Personenwaage nur auf 160 kg/500 g = 320 Schritte. In der Analytik haben wir es mit der Klasse der Präzisionswaagen, den sog. Schnellwaagen, und den Feinwaagen, meist Analysenwaagen genannt, zu tun. Beide haben ihre Berechtigung, ihr zweckmäßiger Gebrauch soll nun erklärt werden:

Die Schnellwaage dient zum Abwiegen einer Menge, die nur auf etwa 100 mg genau bekannt zu sein braucht. Auf der Analysenwaage wird dagegen analytisch, d.h. bis auf 0,1 mg genau gewogen. Sie ist in ihrer mechanischen Ausführung nicht sehr komfortabel. Daher wird grundsätzlich auf der Schnellwaage *ein*gewogen und danach auf der Analysenwaage genau *aus*gewogen. Das mag umständlich erscheinen, wird sich aber spätestens dann als zweckmäßig erweisen, wenn die erste Fehlwägung durch unbemerkt gebliebene, auf der Waagschale verstreute Substanz das Analysenergebnis verdorben hat.

Die meisten mechanischen Schnell- und Analysenwaagen arbeiten nach dem Substitutionsprinzip: Das Gewicht auf der (einzigen) Waagschale wird durch abgenommene Schaltgewichte so lange kompensiert, bis wieder Gleichgewicht mit dem festen Gegengewicht herrscht, Schaltgewichte werden durch den zu wiegenden Gegenstand substituiert. Dieses Verfahren ergibt unter allen Wägeumständen gleiche Belastung am Waagebalken und damit eine konstante Empfindlichkeit der Waage.

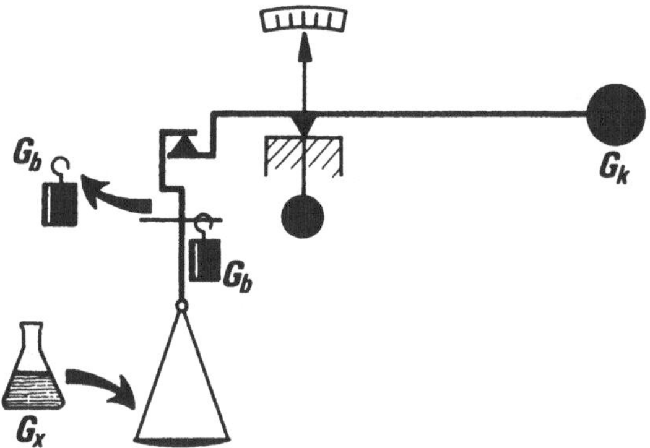

Bild 1-4 Substitutionswägung. Das zu bestimmende Gewicht G_x substituiert das nahezu gleichschwere Schaltgewicht G_b, so daß am Waagebalken (fast) wieder Gleichgewicht zum Gegengewicht G_k herrscht.

Haben die Waagen einen Tariermechanismus, darf dieser während der Wägung auf gar keinen Fall verstellt werden, weil sonst das aufliegende Gewicht nicht mehr reproduziert werden kann und damit verloren ist.

Keine Frage ist, daß Wägegut verschlossen zu wiegen ist, wenn es ein – auch nur kleines – Risiko des Verdampfens gibt; keine Frage auch, daß beim Einwiegen absolut gar nichts daneben fallen darf, was besonders fatal wird, wenn man die kleine Menge nicht bemerkt.

Sehr unrühmliche Fehler entstehen durch falsches Ablesen oder, noch schlimmer, durch fehlerhaftes Subtrahieren der Tara. Damit sind wir beim Rechnen.

1.2.6 Rechner

Es ist einfach schade, wenn große Bemühungen um eine einwandfreie Bestimmung durch fehlerhaftes Bedienen des Taschenrechners zunichte gemacht werden. Daher sollte man die Meßwerte gewissenhaft eingeben. Im übrigen gilt der Grundsatz: Die Meß*verfahren* sind optimal zu gestalten! Dadurch können Korrekturen bei der Auswertung notwendig werden.

Ein Ergebnis kann nur so genau sein wie die Anzahl der Ziffern des ungenauesten Teilergebnisses (signifikante Ziffern). Aber: Alle Zwischenergebnisse einer Rechnung sollen mit der maximal möglichen Stellenanzahl im Rechner verwaltet und erst zum Schluß soll das Endergebnis gerundet werden.

Zu den notwendigen, oft aber unterlassenen Kontrollen gehört auch, das Rechenergebnis (wie jedes Meßergebnis) auf Plausibilität zu prüfen: Es kann einfach nicht sein, daß eine Nitrit-Analyse bei einer mehrere Gramm schweren Probe nach Teilen in fünf Portionen 25,678 g Nitrit pro Bestimmung erbracht hat, auch wenn der Rechner dieses Ergebnis anzeigt. Erbringt die Rechnung 0,025678 mg, ist genauso Skepsis angebracht, aber vielleicht war es ja eine Spurenanalyse. Beide Resultate haben übrigens mit 5 signifikanten Ziffern die gleiche Genauigkeit. *Signifikante Ziffern* eines Ergebnisses sind diejenigen Ziffern, die mit Sicherheit bekannt sind, und die erste weitere (unsichere) Stelle. Daraus folgt, daß die Position des Kommas und/oder der Exponent für die Anzahl signifikanter Ziffern ohne Bedeutung sind: 0,1234 g, 123,4 mg, 0,0001234 kg und $1{,}234 \cdot 10^{-4}$ kg sind mit 4 signifikanten Ziffern gleich genau. Ist das Meßergebnis der Logarithmus einer Zahl, wie z.B. ein pH-Wert, werden rechts vom Komma so viele Ziffern angegeben, wie signifikante Ziffern bekannt sind: Ist $a(H_3O^+) = 6{,}6 \cdot 10^{-11}$ mol/l, so ist pH = 10,18 und nicht 10 oder 10,2; denn nur die rechts vom Komma stehenden Ziffern (die Mantisse) geben Auskunft über den Zahlenwert, die Ziffer(n) vor dem Komma sind (nur) durch den Exponenten definiert.

1.3 Probenvorbereitung

Wenn eine Probe nur mit dem Hinweis, sie zu analysieren, abgegeben wird, hat sich der Auftraggeber oft nur vage überlegt, was wirklich herausgefunden werden soll. Daher gehört es zu den elementaren Vorbereitungen, die folgenden Fragen zu beantworten:

- Welche analytische Information soll geliefert werden?
- Welche Genauigkeit wird verlangt?
- Welches im Labor mögliche Verfahren liefert diese Genauigkeit?
- Welches Verfahren soll/kann angewandt werden?
- Wieviel Einzelbestimmungen sind für die gewünschte Verläßlichkeit notwendig?
- Innerhalb welcher Grenzen liefert das beabsichtigte Verfahren verläßliche Ergebnisse?

- Gibt es von dem zu bestimmenden Stoff ein Vergleichsmuster, an dem das Verfahren geprüft werden kann?

Der Mensch als Analytiker wäre nicht gefragt, wenn sich auch der Titrierautomat überlegen könnte, wie nun gerade *diese* Probe aufzubereiten ist, damit ein verläßliches Ergebnis bei der Bestimmung herauskommt. Dabei muß sich der Analytiker zunächst mit der Stabilität befassen.

1.3.1 Stabilität

Was nützen raffinierte Vorbereitungen, wenn sich die Probe derweil zersetzt? Die Überlegung lautet also: Wie stabil ist die Probe? Gelöste Moleküle sind meist der Zersetzung weit stärker ausgesetzt als feste Stoffe, die nur von den Oberflächen her angegriffen werden können. Aber auch hier kommen Oxidationen durch Luftsauerstoff oder hydrolytische Spaltungen durch Luftsauerstoff bzw. Wasserdampf vor. Beispielsweise riecht das Standgefäß der Acetylsalicylsäure oft nach Essigsäure. In diesem Buch zur Maßanalyse soll aber Stabilität kein Thema sein; daher bleibt es dem Analytiker selbst überlassen, *vorher* Informationen zur Stabilität des zu bestimmenden Stoffes in *dieser* Probe einzuholen.

1.3.2 Lagern

Mit der Stabilitätseinschätzung beantwortet sich auch die Frage, ob und wie man die Probe lagern kann (z.B. im Kühlschrank), während die Bestimmung gewissenhaft vorbereitet und wiederholt wird. Wasserhaltige Lebensmittel sollte man trocknen, um sie lagern zu können. Dabei werden selbstverständlich das Trocknungsverfahren, die Trocknungstemperatur und -dauer sowie der Wasserverlust festgehalten, um das Bestimmungsergebnis später auf die Originalprobe beziehen zu können.

Auch nach einer Gehaltsbestimmung sollte die Probe verwahrt werden, um im Zweifels- oder Beanstandungsfall ihren Gehalt an einem weiteren Muster nachprüfen zu können.

1.3.3 Homogenität

Die Homogenität einer Probe spielt besonders bei Feststoffgemischen eine Rolle. Aus diesen Gemischen muß später in der Regel ein Muster gezogen werden, denn die Bestimmung soll mehrfach ausgeführt werden können.

Wie klein darf nun das Muster sein, damit es noch die gleiche Zusammensetzung wie die Gesamtprobe hat? Bei Pulvern braucht man nur einmal in Gedanken die Pulverteilchen der einzelnen Komponenten zu vergrößern. Nimmt man dann eine kleine Probe, enthält sie möglicherweise nur wenige Teilchen. Diese stehen im ungünstigen Fall nicht mehr im richtigen Mengenverhältnis der Komponenten zueinander. Im Extremfall enthält das Muster nur noch Reinsubstanz und nicht das Gemisch der Komponenten.

1.3.4 Verreiben

Zerkleinern einer nicht zu kleinen Menge ist bei Feststoffgemischen also dringend erforderlich, wenn man repräsentative Muster ziehen will und die Probe grobes Material enthält. Beim Zerkleinern ist wieder die Stabilität der Stoffe zu beachten, denn es entstehen dabei größere spezifische Oberflächen. Diese bieten mehr Gelegenheit zum Zersetzen. Auch Reibungswärme kann beim Zerkleinern einmal eine Rolle spielen, besonders dann, wenn die Feststoffe sich ineinander lösen können. Das Mischen fester Stoffe ist eine Wissenschaft für sich, weshalb hier nur auf genügend Sorgfalt hingewiesen werden soll. Überlegenswert ist aber, ob die Probe nicht im ganzen gelöst werden kann. Dann ist die Zerkleinerung maximal, und das Analysenmuster repräsentiert auch in kleinster Menge die Zusammensetzung der Gesamtprobe.

1.3.5 Abwiegen

Gewogen wird die angegebene Menge[1] mit einer Genauigkeit einer halben Einheit der letztgenannten Dezimalstelle. Sind z.B. 0,25 g einzusetzen, darf das Gewicht zwischen 0,245 und 0,255 g liegen.

Es sollte immer auch die gesamte Probe gewogen werden, denn man muß oft vom Gehalt des Musters auf den Gehalt der Gesamtprobe hochrechnen. Außerdem ist vielleicht ein Prozentgehalt der Gesamtprobe an analysiertem Stoff gefordert.

1.3.6 Probennahme

Von der zu analysierenden Gesamtprobe werden nun Muster gezogen, damit die gewünschte Stoffmenge mehrfach bestimmt werden kann. Dabei muß festgelegt werden, wie groß das Mustergewicht sein darf, um mit dem Bestimmungsverfahren verläßliche Ergebnisse zu erzielen. Selbstverständlich werden alle Mustergewichte genau festgehalten.

Bei Feststoffgemischen spielt die Homogenität eine wichtige Rolle; die Partikelgröße soll also möglichst klein, die Mustermenge nicht zu gering sein. Es bleibt die Frage nach der Anzahl der Muster aus der Probe. Auch hierüber gibt es wissenschaftliche Grundsätze, die sich zumeist auf Muster aus Feststoffgemischen beziehen, bei denen die Homogenität das Problem ist.

---

[1] Bei Gehaltsbestimmungen darf gemäß Arzneibuch die eingesetzte Menge nur um 10% von der vorgeschriebenen abweichen.

Führt man das Analysenverfahren zum erstenmal aus, muß man es erst kennenlernen. Daher sollte mindestens *ein* Muster der Erprobung des Verfahrens dienen. Weitere Muster werden danach analysiert, um Genauigkeit und Verläßlichkeit des Resultats zu verbessern. Dieses könnte dann auf drei bis fünf Einzelbestimmungen basieren, je nachdem, wie erprobt das Verfahren ist und wie sehr man seiner eigenen Arbeitsweise, also ihrer Reproduzierbarkeit, vertraut.

1.3.7 Analytisches Wiegen

Die einzelnen Muster aus der Substanzprobe werden nun genau gewogen oder volumetrisch abgemessen. Verläßlichkeit beim Wiegen und beim Dokumentieren der Wägeresultate ist obligatorisch. Man beachte, daß eine Analysenwaage (wie jede Waage) eine sog. *kleinste Fehlergrenze* hat, unterhalb derer das Ergebnis nicht mehr verläßlich ist. Bei Analysenwaagen beträgt die Grenze meist $\pm$ 0,5 mg. Das bedeutet, daß die vierte Dezimalstelle des Grammgewichts um 5 Einheiten nach oben oder unten abweichen darf. Daher bringt es nichts, wenn man eine halbe Stunde darauf verwendet, die vierte Stelle genau zu ermitteln, selbst wenn Kollegen dabei helfen. Hier sind die elektronischen Waagen komfortabler, da man sie kaum falsch ablesen kann.

1.3.8 Lösen

Konnte die *Gesamt*probe z.B. aus Stabilitäts- oder Löslichkeitsgründen nicht gelöst werden, wird das gezogene *Muster* gemäß Analysenvorschrift aufgelöst. Dabei kommt es nicht auf ein definiertes Endvolumen der Lösung an, da das Muster*gewicht* bekannt ist.

1.3.9 Überführen

Bevor das Muster analysiert werden kann, sind möglicherweise bestimmte weitere Operationen erforderlich, z.B. Erhitzen, Aufschließen, chemisches Umsetzen. Dazu muß das Muster in dafür geeignete Gefäße überführt und nach der Behandlung ins Titrationsgefäß zurückgeführt werden. Bei beiden Prozeduren gilt es, die Stoffmenge quantitativ ins Bestimmungsgefäß zu transferieren. Man gießt die Lösung aus dem Ansatzgefäß mit oder ohne Trichter ins Titrationsgefäß, dreht das Ansatzgefäß aber nicht gleich wieder um, da dann mit Sicherheit Tropfen der Lösung außen herablaufen und so der Bestimmung verlorengehen. Vielmehr spült man es aus, indem man z.B. Wasser portionsweise nach oben hineinspritzt und immer wieder möglichst vollständig ablaufen läßt. Erst dann dreht man das Ansatzgefäß wieder senkrecht.

1.3.10 Teilen

Um der Genauigkeit willen und um mehrere Versuche machen zu können, muß die Probe in mehrere Muster aufgeteilt werden. Lösungen werden oft volumetrisch geteilt, indem man sie in Meßkolben ansetzt oder dorthinein überführt. Dann nimmt man mit der auf den Meßkolben abgeglichenen Vollpipette eine Teilmenge (einen aliquoten Teil oder kurz ein Aliquot) heraus und läßt ihn ins Titrationsgefäß ablaufen.

1.3.11 Zusetzen

Sind noch Stoffe oder Lösungen zuzusetzen, kann man dies auf der Schnellwaage tun oder die zuzusetzende Lösung mit Meßzylinder oder Meßpipette grob abmessen. Kleine Zusatzmengen, die sich auf der Schnellwaage nicht genau abwiegen lassen, also z.B. Stoffe unter 0,2 g, setzt man bequem als Stammlösung zu. Diese muß man allerdings vorher herstellen, was sich nur lohnt, wenn man den Zusatz noch mehrmals brauchen wird.

Stammlösungen

Beim Herstellen einer Stammlösung gelten folgende Grundsätze:

- Die Lösung soll so verdünnt sein, daß die zuzusetzende Menge in Form der Lösung sicher abgewogen werden kann.
- Aus der Konzentration der Stammlösung soll durch einfache (Kopf-)Rechnung die Menge der zuzusetzenden Stammlösung errechnet werden können.

Dazu ein Beispiel: Bei der Iodatbestimmung müssen 20 mg Natriumsalicylat zugesetzt werden. Sicher und leicht abgewogen werden kann 1 g. Also könnte 1 g der Stammlösung 20 mg, also 2% (m/m), Natriumsalicylat enthalten. Die Löslichkeit von Natriumsalicylat reicht dafür aus. Zum „Ausrechnen" der notwendigen Menge sagt man sich dann: 2% enthalten 2 g in 100 g, also 2000 (mg) in 100 (g), 200 (mg) in 10 (g), also 20 (mg) in 1 (g). Die Einheiten in Klammern kann man dann später weglassen.

1.3.12 Erhitzen

Es soll hier nicht die breite Palette möglicher Wärmequellen dargestellt werden, die es für chemisches Arbeiten gibt. Da für die anorganische Analyse ganz überwiegend Wasser als Lösemittel in Frage kommt, soll der Bunsenbrenner, so antiquiert er auch erscheinen mag, als schnelle, effektive Wärmequelle empfohlen werden. Zum Erwärmen über längere Zeit hinweg gibt es für Temperaturen unter 100 °C Wasserbäder, für Temperaturen über 100 °C Ölbäder, für Rundkolben Heizpilze, vielleicht auch das Sandbad, obwohl hier die Temperatur schwer zu regeln ist.

Leichtes, aber beständiges Schwenken der Lösung über dem Brenner oder im Wasserbad mag mühsam erscheinen, geht aber am schnellsten. Soll eine Lösung eine Weile gekocht werden, wird der Brenner heruntergeregelt und ein Siedeverzug beispielsweise mit einem Glasstab oder mit Siedesteinchen verhindert. Reaktionsansätze wie z.B. bei einer Stickstoffbestimmung werden mit dem Heizpilz erwärmt, den es passend für jeweils nur *eine* Rundkolbengröße gibt. Dazu werden die Kolben mindestens bis zum Rand des Pilzes mit Flüssigkeit gefüllt. Das Verwenden von Siedesteinchen sowie eine Wärmeregelung sind dabei selbstverständlich. Substanzen, die in der Wärme leicht verdampfen, stark riechen oder gefährlich sind, wie etwa Essigsäure, werden natürlich im Abzug erwärmt.

1.3.13 Kühlen

Kühlen von erhitzten Gefäßen unter *fließendem* Wasser ist Verschwendung und nur in Notfällen bei Verbrennungen und Verätzungen der Haut angebracht. In stehendem Wasser kann man durch Bewegen des Gefäßes und des Wassers auch gut kühlen. Muß stärker gekühlt werden, wird eine Mischung aus wenig Eis *und Wasser* hergestellt und das Gefäß durch Schwenken in der Mischung gekühlt. Kaum wirksam ist das Hineinstellen des Glasgefäßes in Eis ohne Wasser und ohne Bewegen!

1.3.14 Spülen

Vom analytischen Spülen war schon beim Überführen (s. Kap. 1.3.9) die Rede. Zum Reinigen des benutzten Geräts genügt in aller Regel Wasser. Sollten feste Ablagerungen im Gefäß sein, überlegt man, worin sie sich lösen, nachdem man sich einmal mit der Bürste versucht hat. Tenside sind nicht unbedingt geeignet, denn sie haben die Eigenschaft, Oberflächen zu besetzen und sich von ihnen nicht so schnell wieder abwaschen zu lassen. Und wozu auch Tenside, gibt es doch weder Bratfett noch Milcheiweiß zu entfernen! Soll Analytik im Milligramm-Maßstab betrieben werden, wird mit entsalztem Wasser nachgewaschen und danach nicht abgetrocknet.

1.4 Analyse

Nun kommen wir zum eigentlichen Bestimmen der Menge des gewünschten Stoffes in der Probe. Gemessen wird in der Maßanalyse mit Volumina der Maßlösungen.

1.4.1 Vorschriften

Die Arbeitsvorschrift für die beabsichtigte Gehaltsbestimmung sollte am Arbeitsplatz schriftlich vorliegen. Es ist natürlich keine Frage, daß man sie *vorher* gelesen und verinnerlicht hat. Auch stehen sämtliche Chemikalien bereit, die Geräte sind aufgebaut und funktionsbereit. Der Reaktionsablauf ist bekannt. Dies alles ist trivial, aber unumgänglich, damit man sich dem Wesentlichen oder Schwierigen zuwenden kann.

Wenn man verläßliche und vor allem reproduzierbare Ergebnisse erhalten will, muß die Vorschrift genau beachtet werden. Im Versuchsprotokoll wird die Vorschrift oder deren Quelle festgehalten.

1.4.2 Anpassen der Mengen

Analysenvorschriften beschreiben nicht nur das Verfahren für einen zu bestimmenden *Stoff* (evtl. als Bestandteil eines definierten Materials), sondern, und dies wird oft wenig beachtet, schließen bestimmte Mindest- und Höchst*mengen* des Stoffes im analysierten Muster ein! Das bedeutet, daß alle Reagenzienmengen auf eine Mindest- und eine Höchstmenge ausgelegt sein können. Wird das Ergebnis in diesem Bereich erwartet, kann die Vorschrift unverändert angewandt werden. Andernfalls müssen alle Mengen dem Mehr-, vielleicht auch einmal dem Mindergehalt angepaßt werden. Dies erfordert allerdings fundierte Kenntnisse und kann daher erst dann versucht werden, wenn man Übung mit dem Verfahren hat. Es kann auf ein Probieren hinauslaufen.

1.4.3 Anpassen des Verfahrens

Liegt der zu bestimmende Stoff in anderer Form in der Probe vor, als die Vorschrift unterstellt, müssen bestimmte Operationen dem Befolgen der eigentlichen Vorschrift vorausgehen. Erlauben Besonderheiten der Probe z.B. das Erhitzen nicht in der vorgesehenen Weise, muß man den Versuchsablauf modifizieren. Da dies ein Abweichen von der Vorschrift bedeutet, muß jede Änderung des Verfahrens schriftlich genau festgehalten werden. Sonst ist der Versuch wertlos, welches Ergebnis er auch gebracht hat. Eine Anpassung des Verfahrens erfordert vertiefte Kenntnisse und Erfahrungen mit der Methode. Man sollte sich erst darauf einlassen, wenn man einige Übung hat.

1.4.4 Dokumentation

Was ist von einem Versuch zu halten, den man nicht *genau* wiederholen kann? Es wird *alles* dokumentiert, auch alles zunächst unwichtig Erscheinende. Wer weiß denn, welche Fragen beim Diskutieren des Ergebnisses auftreten werden? Dokumentiert werden z.B.:

- die Vorschrift oder, wenn unverändert angewandt, mindestens ihre Quelle,
- sämtliche Messungen, auch alle Einwaagen und die dazugehörigen Taren,
- Zeiten, Temperaturen; sämtliche Konstanten, z.B. Faktoren der Maßlösungen; Gehalte von Zusatzlösungen,
- der gesamte Rechenweg, ja sogar das Datum! Vielleicht fragt einmal jemand, wie lange der Versuch denn her ist, denn das spielt für die Stabilität des Rückstellmusters eine wichtige Rolle. Nur bei einer peniblen Dokumentation hat man überhaupt die Chance, Fehlergebnisse aufzuspüren.

So könnte eine Versuchsdokumentation aussehen:

Bestimmung von:

Gemessen am:

Probe:

☐ Lösung ☐ Feststoffgemisch ☐ Zubereitung

Gesamtgewicht/Gesamtvolumen der Probe:

Analysenvorschrift:

Quelle:

Text:

Abweichungen davon:

Maßlösung:

Stärke:

Faktor/Titer:

Endpunktsindikation:

Meßgerät(e):

Reaktionsverlauf:

Messungen	Einwaage in g	Tara in g	Meßergebnis	Bemerkungen
1				
2				
3				
4				

Berechnung (des Massengehalts):

Endergebnis:

Entsorgung:

Literatur:

Datum: Unterschrift:

1.4.5 Bewertung des Verfahrens

Kann das verwendete Verfahren richtige Resultate liefern? Sind Erfassungsgrenzen (in beiden Richtungen) geprüft worden? Ist das Verfahren mit bekannten Stoffmengen einmal oder regelmäßig auf *Richtigkeit* geprüft, validiert worden? Referenzanalysen sind dabei eine wichtige Hilfe. Eine Referenzanalyse ist eine Bestimmung, die eine *bekannte* Menge in einer Probe mißt und so Verfahrensfehler offenbart, vorausgesetzt, das Verfahren wurde mehrmals und genau wiederholt. Daraus resultiert die wichtige Verfahrensgröße: die *Reproduzierbarkeit.*

Eine Blindanalyse wendet die Bestimmungsprozedur auf ein Muster an, das frei vom gesuchten Stoff, aber sonst dem Muster möglichst ähnlich ist. Wird dabei ein Meßergebnis für den Stoff erzielt, muß dieser *Blindwert* vom Ergebnis abgezogen werden, da es genau um diesen Betrag verfälscht ist.

1.4.6 Bewertung der Ergebnisse

Kann das errechnete Ergebnis auch stimmen? Gibt es Vergleichsergebnisse, nicht nur eigene? Jede Messung, jedes (Rechen-)Ergebnis gehört auf *Plausibilität* geprüft, auch beim Einkaufen auf dem Gemüsemarkt rechnet man ja die Preise überschlägig nach. Eine solche Bewertung bedeutet aber auch die Überlegung: Kann unter den gegebenen Bedingungen des Verfahrens das erwartete Meßergebnis überhaupt erzielt werden? Sind Verfahrensfehler vorgekommen? Kann ein erhaltenes Resultat daher akzeptiert werden? Was ist ein Ausreißer? (Diese Frage ist durchaus ernstgemeint und soll nicht der Schönung von Resultaten dienen.) Welche Einzelergebnisse sollen z.B. in die Mittelwertbildung eingehen? Ist Mittelwertbildung überhaupt angebracht, oder ist vielleicht eine Gewichtung sinnvoller?

Es ist ein guter Anfang, eine analytische Aufgabe unter Anleitung zu lösen. Später entfällt diese Kontrolle, und man muß sein Ergebnis selbst *qualifiziert* bewerten.

1.4.7 Fehlersuche

Die Fehlersuche beginnt bei einem selbst. Das Bestimmungsverfahren wird Schritt für Schritt anhand der eigenen Dokumentation auf Korrektheit abgeklopft, wobei sich selbst bemogeln nicht weiterhilft! Haben Referenzanalysen andere Ergebnisse gezeigt, obwohl sie unter identischen Bedingungen (und Beachten von Fremdstoffen in der Probe) abgelaufen sind, liegen eigene Verfahrensfehler nahe.

1.4.8 Verläßlichkeit und Gleichmäßigkeit des Verfahrens

Man sollte sich immer wieder fragen: Habe ich verläßlich gearbeitet, habe ich jede Einzelbestimmung des Verfahrens genau eingehalten? Ein Außenstehender kann dabei sehr nützlich sein, wenn man ihn bittet, einmal alle Verfahrensschritte nachzuvollziehen und Fragen zu stellen.

1.4.9 Selbständigkeit beim analytischen Arbeiten

Die Kapitel 1.2 Geräte, 1.3 Probenvorbereitung und 1.4 Messen sollen zu Selbständigkeit beim analytischen Arbeiten führen. Hat man alles sorgfältig und gewissenhaft befolgt und geprüft, wird man Analysenergebnisse liefern, auf die sich andere verlassen können.

1.5 Statistik

Statistische Methoden in der Analyse der Meßwerte dienen nicht dazu, unliebsame Ergebnisse zu eliminieren, sondern ein u.U. umfangreiches Datenmaterial durch wenige Kennzahlen rationell darzustellen, zu analysieren, zu interpretieren sowie den Vertrauensbereich der Kennzahlen festzulegen. Man kann mit statistischen Methoden entscheiden, ob sich Meßergebnisse nur *zufällig* oder aber *signifikant* (d.h. statistisch gesichert) von anderen, z.B. Literaturwerten, unterscheiden.

Schließlich kann man durch statistische Parameter erfahren, ob zwischen zwei Größen eine Abhängigkeit besteht oder nicht, ja mehr noch, man kann den Grad der Abhängigkeit zwischen zwei Größen mit einer Zahl (dem Korrelationskoeffizienten r) genau beschreiben. Ein Beispiel: Zwischen einer getankten Benzinmenge und dem zu zahlenden Preis besteht ganz sicher eine Abhängigkeit, zwischen der Benzinmenge und dem Alter der tankenden Person natürlich nicht.

1.5.1 Begriffe

Größen, die unterschiedliche Werte annehmen können, sind *Variablen*, andernfalls heißen sie *Konstanten*.

Variablen, die jeden beliebigen Wert (u.U. zwischen festgelegten Grenzen) annehmen können, nennt man *stetige Variablen*. Können sie nur bestimmte Werte annehmen, z.B. den Wert einer ganzen Zahl, nennen wir sie *diskrete Variablen*.

Ein Beispiel: Die Anzahl der Kinder in einer Familie kann nur diskrete Werte annehmen. Ein Mittelwert, etwa die *durchschnittliche* Kinderzahl in deutschen Familien, ist aber eine stetige Variable und kann jeden (positiven) Wert annehmen.

Eine *Urliste* ist eine Sammlung von Daten, die noch nicht geordnet wurde. Sie entsteht bei der Datenerhebung, z.B. wenn man die Körpergrößen von alphabetisch geordneten Studenten erfaßt. Eine *Verteilung* erhält man daraus, wenn man diese Urliste nach steigender oder fallender Körpergröße anordnet, die Liste in Größen*klassen* einteilt und die

Anzahl der Personen in den Klassen gegen die Körpergröße aufträgt. Eine Indexschreibweise erleichtert die Formelbildung: Ist x die Meßgröße, hier die Körpergröße, nennt man die Einzelmeßwerte x_i, wobei die Indexzahl i ganze positive Zahlen von 1 bis n annehmen soll. Damit sind dann die später erklärten statistischen Größen gut auch als Formeln beschreibbar.

1.5.2 Fehlerarten

Jede Messung liefert bei Wiederholung Streuungen, d.h. nicht genau das gleiche Resultat. Die Abweichungen können aus Verfahrensfehlern resultieren, zu denen auch falsches Ablesen und unkorrekte Maßlösungsfaktoren gehören, sowie aus zufälligen Fehlern, die man trotz genauester Wiederholung der Messung nicht ausschließen kann. Am Beispiel einer Wägung seien beide Fehlerarten erläutert: 50 Personen wiegen in gleicher Weise am selben Tag den gleichen Gegenstand auf einer Waage, ohne die Resultate der anderen zu kennen. Es wird eine Reihe verschiedener Ergebnisse dabei herauskommen: Nur wenige werden sich zahlenmäßig gleichen, vor allem, wenn auf vier Nachkommastellen gewogen wurde.

Nun kann es ja sein, daß der Nullpunkt der Waage falsch justiert war. Jedes Meßergebnis wird sich dann um den gleichen Betrag vom richtigen Ergebnis unterscheiden. Alle haben einen *systematischen Fehler* gemacht. Diese systematischen Fehler, die im System der Messung liegen, sind grundsätzlich korrigierbar (auch wenn es Mühe kostet). Woher kommen aber die Meßwert*schwankungen*? Offenbar lassen sie sich nicht prinzipiell vermeiden, sosehr man die Prozedur auch verfeinert. Diese Fehler heißen *statistische (zufällige) Fehler*.

Absolute Fehler, relative Fehler

Ein absoluter Fehler ist eine Abweichung des Meßergebnisses vom wahren Wert. Er hat die Einheit des Meßwerts. Sein absoluter Zahlenwert ist aber kein geeignetes Maß, um die Reproduzierbarkeit der Messung zu beurteilen: 5 mg Abweichung sind bei einem wahren Gewicht von 5 g nicht viel, bei einem wahren Gewicht von 20 mg aber bedeutend.

Um zu einem einheitlichen Maß für die Fehlergröße zu kommen, bezieht man den Meßfehler auf den Meßwert selbst: 5 mg von 5 g sind dann 0,1%, 5 mg von 20 mg aber 25%! Ist x_m der Meßwert und D_x der absolute Fehler, dann ist der relative Fehler x_r

$$x_r = \frac{D_x}{x_m}.$$

Relative Fehler sind also dimensionslose Zahlen, die man als Dezimalzahl (0,001 = 0,1%; 0,25 = 25%) oder mit 100 multipliziert als Prozentzahl angeben kann. Meßwerte werden wie folgt angegeben:

Tabelle 1-5 Meßwerte einer Bestimmung, ihr Mittelwert, absolute und relative Fehler

Meßwert in [ml]	Mittelwert in [ml]	absoluter Fehler in [ml]	relativer Fehler in [%]
5,56		–0,0520	–0,0935
5,64		+0,0280	+0,496
5,67	5,612	+0,0580	+1,02
5,58		–0,0320	–0,552
5,61		–0,0020	–0,0357

1.5.3 Die Lagemaße Median, Modus und verschiedene Mittelwerte

Charakteristische Kennwerte einer statistischen Analyse können Lagemaße und Streumaße sein. Lagemaße sind Kennwerte, die ihre Lage innerhalb einer Meßskala anzeigen, Streumaße kennzeichnen die Streuung bei wiederholten Messungen.

Der *Median* ist bei einer ungeraden Ergebnisanzahl der bei auf- oder absteigender Anordnung in der Mitte stehende Wert, bei gerader Meßwertanzahl der Mittelwert der beiden zentralen Meßwerte.

Ein Beispiel soll das verdeutlichen:

Es ist die folgende Meßwertreihe ermittelt worden: 8 ; 6 ; 5 ; 8 ; 2 ; 7 ; 5 ; 8 ; 5 ; 8.
Nach der Größe angeordnet, erhält man diese Reihe der 10 Werte:
8 ; 8 ; 8 ; 8 ; 7 ; 6 ; 5 ; 5 ; 5 ; 2.
Der *Median* der obigen Reihe ist der Mittelwert der zentral stehenden beiden Zahlen, also (7 + 6) / 2 = 6,5.
Der *Modus* ist der häufigste Wert, das ist die 8.
Den arithmetischen *Mittelwert* $\bar{x}$ errechnet man, indem man alle Meßergebnisse addiert und durch die Zahl der Werte n teilt:

$$\bar{x} = \frac{\sum_{i=1}^{n} x_i}{n}$$

Für das Beispiel ist $\bar{x} = 6{,}2$.

Der Mittelwert aus n Meßergebnissen ist $\sqrt{n}$ -mal verläßlicher als jedes Einzelergebnis. Vier Messungen verdoppeln also die Verläßlichkeit. Sechs Messungen steigern den Faktor nur auf 2,45, acht gar nur auf 2,83. Daher nützt es aus statistischer Sicht wenig, mehr als vier sorgfältige Einzelbestimmungen zu machen. Es sollten aber auch nicht weniger als drei Muster bestimmt werden.

Die Meßwerte werden mit den *Häufigkeiten* f_i, das sind hier die Häufigkeiten 4, 1, 1, 3 und 1, *gewichtet*, bevor man das arithmetische Mittel bilden kann. Das bedeutet, die

Meßwerte x werden mit den zugehörigen Häufigkeiten multipliziert, und erst danach wird die Summe durch die Gesamtzahl 10 dividiert:

$$\bar{x} = \frac{8 \cdot 4 + 7 \cdot 1 + 6 \cdot 1 + 5 \cdot 3 + 2 \cdot 1}{10} = 6{,}2$$

Will man einem Meßwert aus bestimmten Gründen mehr Gewicht beimessen, kann auch er mit einem Gewichtungsfaktor multipliziert werden, ohne daß er häufiger vorkommt (z.B. bei Abiturnoten).

Die *mittlere Abweichung* der obigen Meßwerte (ebenfalls ein Streumaß) ist der Mittelwert der Abweichungen:

Die Summe der Abweichungen vom arithmetischen Mittelwert ist

$$1{,}8 \cdot 4 + 0{,}8 \cdot 1 + 0{,}2 \cdot 1 + 1{,}2 \cdot 3 + 4{,}2 \cdot 1 = 16\,.$$

Die mittlere Abweichung ist also 1,6.

1.5.4 Richtigkeit und Reproduzierbarkeit

Richtigkeit, auch *Genauigkeit*, engl. accuracy, genannt, nennen wir die Sicherheit des Meßverfahrens, das korrekte Ergebnis zu liefern. *Reproduzierbarkeit*, *Präzision*, engl. precision, nennen wir die Größe der nicht vermeidbaren Meßwertstreuung, des statistischen Fehlers. Am Beispiel einer Zielscheibe seien beide Begriffe demonstriert:

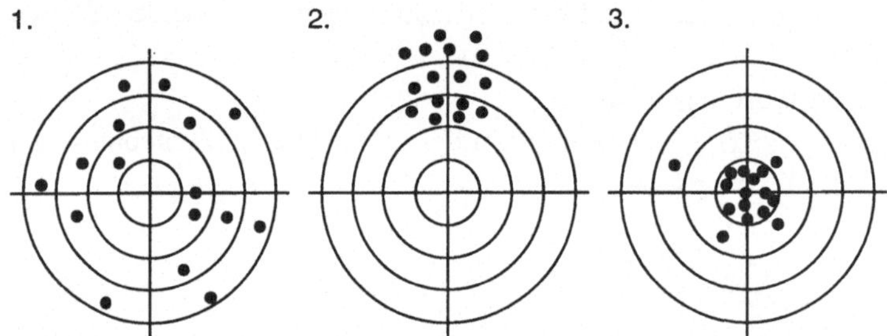

Bild 1-5 Drei Zielscheiben. 1. Richtigkeit gut, Reproduzierbarkeit schlecht; 2. Richtigkeit schlecht, Reproduzierbarkeit gut; 3. Richtigkeit gut, Reproduzierbarkeit gut

Welche der ersten beiden Zielscheiben gehört zum besser korrigierbaren Gewehr? Die Zielscheibe 2, denn nur hier kann man das Ergebnis korrigieren.

Die Frage, welches Gewicht in dem oben (s. Kap. 1.5.2) beschriebenen Wägeversuch mit den 50 Personen nun das richtige ist, läßt sich also nicht beantworten, denn die Antwort müßte aus einer *Messung* resultieren, und darin können dann wieder statistische Fehler enthalten sein.

1.5.5 Die Streumaße Spannweite, Standardabweichung und Varianz

Die *Spannweite D* ist die Differenz zwischen dem kleinsten und dem größten Meßwert. Sie beträgt für die gesamte (in Kap. 1.5.3 diskutierte) Meßwertreihe

$$D = x_{\max} - x_{\min} = 6$$

Das Interessanteste an einem Meßverfahren (und beim Scheibenschießen) ist, wie weit die Meßwerte bei vollkommen gleichartig durchgeführtem Verfahren streuen, wie groß der statistische Fehler und damit die Reproduzierbarkeit des Meßergebnisses ist. Reiht man z.B. die Ergebnisse aus einem mehrere tausend Male wiederholten Wägeversuch auf eine Zahlen-, hier Gewichtsgerade, häufen sich die Punkte in der Mitte. Trägt man die Häufigkeit eines Ergebnisses nun nach oben (auf die Ordinate) auf, erhält man im Idealfall eine *Gaußsche Verteilungskurve* (die auf den 10-DM-Scheinen mit ihrer Funktion abgedruckt ist).

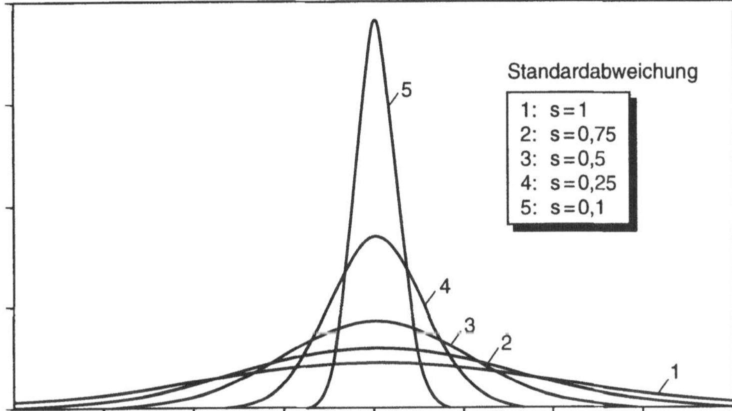

Bild 1-6 Die Gaußsche Normalverteilungskurve für verschiedene Standardabweichungen von $s = 0{,}1$ (steile Kurve) bis $s = 1$ (flache Kurve)

Die *Standardabweichung* beschreibt die Breite dieser Kurve. Je schmaler die Glocke ist, desto geringer ist die zufällige Streuung des Meßergebnisses, desto besser die Reproduzierbarkeit. Dieses Ziel sollten wir anstreben. Die Standardabweichung wird nach folgender Formel berechnet:

$$s = \sqrt{\frac{\sum (x_i - \bar{x})^2}{n-1}}$$

s = absolute Standardabweichung mit der Einheit des Meßwerts
x_i = einzelner Meßwert
$\bar{x}$ = Mittelwert
n = Anzahl der Meßwerte

Das Quadrat der Standardabweichung nennt man Varianz var.

$$\text{var} = \frac{\sum (x_i - \bar{x})^2}{n-1}$$

Die *relative Standardabweichung* s_{rel} ist als Relativzahl unabhängig vom Mittelwert; daher normiert man auf den Mittelwert und gibt sie in Prozent an:

$$s_{\text{rel}} = \frac{s \cdot 100}{\bar{x}} [\%]$$

Die relative Standardabweichung ist ein universelles Maß, um die Reproduzierbarkeit eines Meßverfahrens zu beurteilen.

Bei korrekten, voneinander unabhängigen Messungen kann man mit Hilfe der Statistik etwas über die Wahrscheinlichkeit aussagen, mit der ein bestimmter Meßwert auftreten wird. Der *Vertrauensbereich* T_c für die statistische Sicherheit des Mittelwertes ist der Quotient aus dem Streubereich T und der Wurzel aus der Meßwertanzahl:

$$T_c = \frac{T}{\sqrt{n}}$$

Den Streubereich T berechnet man aus der Standardabweichung s, die man mit dem sog. Student-Faktor $t_n(P)$ multipliziert. In $t_n(P)$ bedeutet P die gewünschte Sicherheit:

$$T = s \cdot t_n(P)$$

Ein Beispiel: Für eine Titration seien 5,56; 5,64; 5,67; 5,58 und 5,61 ml, also im Mittel 5,6120 ml, verbraucht worden. Die Standardabweichung, die relative Standardabweichung und der Vertrauensbereich für 95% Sicherheit können dann berechnet werden:

Die Anzahl der Messungen ist $n = 5$; der hier nötige Student-Faktor ist als zweiseitiger[1] Test $2P$ für den Vertrauensbereich 0,05 (= 95% Sicherheit) gleich 2,5706. Man schreibt $t_n(2P) = 2{,}5706$; weiter ist $s = 0{,}0444$ ml und $s_{\text{rel}} = 0{,}7909\%$. Dann beträgt der Vertrauensbereich

$$T_c = (0{,}0444 \cdot 2{,}5706)/2{,}2361 = 0{,}0510 \text{ ml.}$$

Das bedeutet: Der Mittelwert 5,6120 ml liegt mit 95% Sicherheit in den Grenzen 5,561 und 5,663 ml.

---

[1] Zweiseitig bedeutet, daß das Meßergebnis in zwei Richtungen, nach oben und nach unten, abweichen kann. In wenigen Fällen ist eine Abweichung nur in eine Richtung möglich, z.B. kann bei einer Haltbarkeitsprüfung der Wirkstoffgehalt gewöhnlich nicht zu-, sondern nur abnehmen. Für solche Fälle gibt es den einseitigen Test.

Nachweis- und Erfassungsgrenze

Das Bestimmungsverfahren, das an einer Probe ohne den gesuchten Stoff ausgeführt wird, liefert den sog. *Blindwert* w_B, also ein Maß für Meßwertschwankungen durch Begleitstoffe und das Verfahren selbst. Liegt der Meßwert um $3 \cdot s$ über dem mittleren Blindwert, ist die *Nachweisgrenze* des Verfahrens erreicht, d.h. bis zu diesem Meßwert (= Gehalt an gesuchter Substanz) ist das Bestimmungsverfahren geeignet. Verläßlich ist der Meßwert dann, wenn er um $6 \cdot s$ über dem Blindwert liegt. Dann ist die *Erfassungsgrenze* erreicht.

Ausreißer

Ausreißer, ein heißes Eisen beim Messen, sind Meßwerte, die „ganz offensichtlich" außerhalb des Erwartungsbereichs liegen. War z.B. Luft im Bürettenküken oder hat man versehentlich übertitriert, dürfte das Ergebnis ein Ausreißer werden. Eklatante Verfahrensfehler sollte man allerdings schon gleich bemerken, so daß man die Messung gar nicht zu Ende bringt. Hat man die Luft aber nicht bemerkt und weitere, fehler*freie* Resultate gesammelt, wird man den Ausreißer in der Reihe der Ergebnisse entdecken.

Die Bewertung eines Meßwerts als Ausreißer ist subjektiv, eben „ganz offensichtlich", oft ein Synonym für „ich kann die Ursache nicht finden". Hier sei nochmals auf das Kap. 1.4.6 verwiesen.

Lineare Regression, linearer Schätzwert und Korrelationskoeffizient

Hat man verschiedene Substanzmengen quantitativ bestimmt, wird man zu den Substanzmengen proportionale Volumina Maßlösung verbraucht haben. Zwischen den Mengen und den Volumina besteht also ein (linearer) Zusammenhang. Tabelle 1-6 diene als Beispiel.

Tabelle 1-6 Stoffmengen und gemessene Titrationsverbräuche

Stoffmenge [mg]	Verbrauch Maßlösung [ml]
112,1	5,56
113,5	5,64
113,9	5,67
113,0	5,58
112,8	5,61

Da nun aber statistische Fehler die Meßergebnisse trotz sorgfältigster Methodik streuen lassen, werden Abweichungen von der vollkommenen Proportionalität vorkommen. Stellen wir Mengen gegen Volumina grafisch dar, liegen bei strenger Proportionalität die Punkte auf einer Geraden:

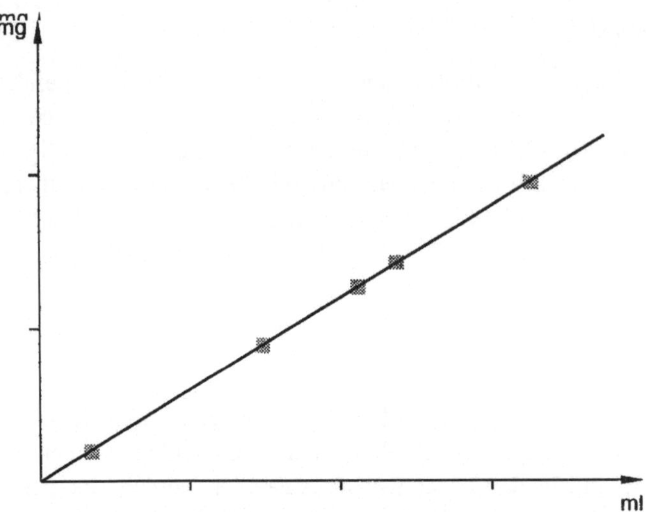

Bild 1-7 Linearer Zusammenhang zwischen Menge und Volumen

Diese kann leicht aus zwei Punktepaaren berechnet werden.

Stellen wir aber nun die Meßergebnisse des letzten Beispiels gegen die dazugehörigen Stoffmengen dar (Bild 1-8):

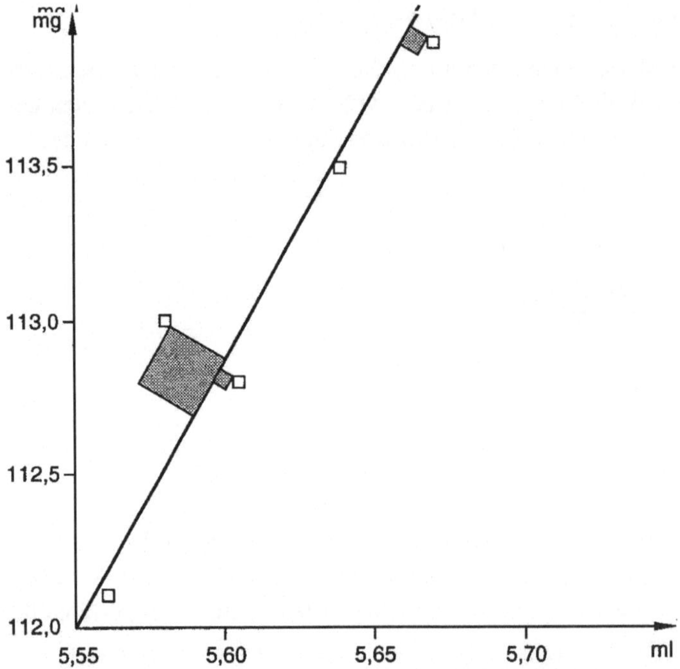

Bild 1-8 Meßwerte aus den Titrationen, dargestellt gegen die Stoffmengen

Man erkennt, daß die Meßwertpaare keine Gerade bilden, die alle Punkte miteinander verbindet. Da man aber annehmen kann, daß doch ein linearer Zusammenhang zwischen den Stoffmengen und den Volumina Maßlösung besteht, wird man versuchen, eine Gerade so durch die Punkte zu legen, daß sie möglichst nahe an allen Punkten vorbeiführt. Die Lage der Geraden wird zunächst subjektiv gewählt. Man kann über die genaue Lage geteilter Meinung sein. Besser ist es, ihre Lage *zu* berechnen, womit gewährleistet wird, daß der Abstand der Punkte $(x_i|y_i)$ von der Geraden minimiert ist. In Bild 1-8 sind die Abstände der Meßpunkte von der Geraden durch Quadrate symbolisiert. Die Gerade wird so berechnet, daß die Summe der Abstandsquadrate möglichst klein wird. Die Steigung a der Regressionsgeraden $y = ax + b$ wird mit der etwas umständlich erscheinenden Formel

$$a = \frac{\sum x_i y_i - (\sum x_i \sum y_i)}{\sum x_i^{\,2} - (\sum x_i)^2 / n}$$

errechnet. Sie berücksichtigt, daß viele Kleinrechner ein bestimmtes Summationsverfahren bei der Meßwerteingabe abwickeln.

Den Ordinatenabschnitt b errechnet man dann nach

$$b = \overline{y} - a \cdot \overline{x}$$

In unserem Beispiel ist $a = 0{,}06$ und $b = -1{,}16$.

Um die Gerade konstruieren zu können, genügen zwei Zahlenpaare, die auf ihr liegen. Dazu wählt man sich möglichst einfache Zahlen, z.B. den y-Wert zu $x = 0$ (das ist der Ordinatenabschnitt b!) und einen beliebigen x-Wert am Rande der x-Skala. Werte für Titrationsvolumina, die man mit Hilfe der Regressionsgeraden $y = ax + b$ errechnet, nennt man Schätzwerte oder Erwartungswerte und schreibt $\hat{x}$ bzw. $\hat{y}$ (als Koordinatenpaar schreibt man $\hat{x} \mid \hat{y}$). Beispielsweise ist in unserem Fall $b = \hat{y}(0) = -1{,}16$ mg. Für das leicht im Diagramm zu findende Volumen von $x = 5$ ml ist $\hat{y}(5) = 102{,}8$ mg. Die Wertepaare $(x_i \mid y_i)$ für die Konstruktion der Geraden liegen also bei $(0 \mid -1{,}16)$ und bei $(5 \mid 102{,}8)$.

Man kann nun mit Hilfe des linearen Schätzwertes im Bereich der Volumenmeßwerte interpolieren und über den Volumenmeßbereich hinaus extrapolieren. Bei letzterem ist grundsätzlich Vorsicht geboten, weil man nicht immer weiß, ob außerhalb des Meßwertebereichs noch Linearität herrscht.

Möchte man nicht nur die Regressionsgerade kennen, sondern auch ein Maß haben, das anzeigt, ob und wie stark die Wertepaare von ihr abweichen, gibt es das Streumaß des Korrelationskoeffizienten r. Er kann zwischen 0 und 1 liegen. $r = 0$ bedeutet, daß kein Zusammenhang zwischen Stoffmenge und den Volumina besteht, die Punkte also völlig regellos verteilt sind und eine Regressionsgerade nicht sinnvoll ist. $r = 1$ bedeutet, daß alle Punkte auf der Geraden liegen, wie in Bild 1-7.

Die Berechnungsformel für r erscheint kompliziert, denn sie benutzt wie die Formeln für a und b die in Kleinrechnern vorgenommenen Summationen:

$$r = \sqrt{\frac{(\sum x_i y_i - \sum x_i \cdot \sum y_i / n)^2}{(\sum x_i^2 - (\sum x_i)^2 / n) \cdot (\sum y_i^2 - (\sum y_i)^2 / n)}}$$

Durch Eliminieren von Meßwertpaaren kann man nun an den Änderungen von r sehen, welche Messungen besonders zur Streuung beigetragen haben.

Für den o.g. Datensatz (s. Tab. 1-6) errechnet man folgende statistische Werte:

$$\bar{x} = 113{,}7\text{ mg};\ \bar{y} = 5{,}61\text{ ml}; \sum x_i = 565{,}30\text{ mg}; \sum y_i = 28{,}06\text{ ml}$$

$$n = 5;\ a = 0{,}06\text{ mg/ml};\ b = -1{,}16\text{ mg};\ r = 0{,}93.$$

Zwischen den Stoffmengen und den verbrauchten Titrationsvolumina besteht ein linearer Zusammenhang. Aber auch der Indikator, vielleicht sogar das Lösemittel, hat für die Reaktion Titrationsvolumen verbraucht. Die resultierende Regressionsgerade wird daher nicht durch den Koordinatenursprung gehen, sondern, extrapoliert auf die Stoffmenge Null, noch einen Verbrauch anzeigen. Dieser Verbrauch war für den Indikator nötig (Blindwert). Es gibt nun statistische Verfahren, wie man nicht aus dem Titrationsverbrauch, sondern aus der Steigung der Regressionsgeraden den Gehalt an analysierter Substanz errechnen kann und dabei den systematischen Fehler durch den Indikator ausschließt. Diese Rechnungen erfordern aber eingehendere Kenntnisse der Statistik.

Besteht kein linearer Zusammenhang zwischen Größen, kann man untersuchen, ob ein logarithmischer, exponentieller oder quadratischer Zusammenhang besteht. Dazu logarithmiert man das Meßergebnis oder stellt es in den Exponenten oder quadriert es und versucht dann erneut, mit diesen Logarithmen, Exponentialwerten oder Quadraten einen linearen Zusammenhang zu den korrespondierenden Daten herzustellen, indem man diese anstelle der Originalwerte in die Formeln einsetzt.

Viele Gesetzmäßigkeiten in den Naturwissenschaften lassen sich durch eine dieser Umformungen auf lineare Zusammenhänge zurückführen und dann leichter auswerten.

1.6 Nachbereitung

Die analytische Arbeit ist mit dem Schreiben des Protokolls nicht zu Ende. Für Nachfragen oder Nachkontrollen sollte man sich ein Rückstellmuster aufheben.

1.6.1 Rückstellmuster

Rückstellmuster können Reste der erhaltenen Probe oder Zwischenlösungen sein. Vielleicht wird es nötig, nochmals zu titrieren, vielleicht braucht man z.B. nur den Iodidwert bei der Iod/Iodid-Bestimmung nochmals zu überprüfen.

1.6.2 Entsorgung

Austitrierte Lösungen gehören ordentlich entsorgt. Dabei kann man Fachkenntnis beweisen, denn nicht für jede Lösung gibt es bindende Vorschriften, und der Analytiker weiß immer noch am besten, was seine Lösung alles enthält. Überlegenswert ist es allemal, wie man Stoffe zurückgewinnen kann, etwa wenn sie aus vielen gleichartigen Serienanalysen stammen. Überlegenswert ist natürlich auch, wie Abfall dieser Art überhaupt vermieden werden kann.

1.6.3 Ökonomie und Ökologie

Man sollte nur so viel verwenden, wie man wirklich braucht. Diese an sich einfache Formel wird jedem einleuchten. Sie bezieht sich auf Stoffe *und* Energie (s. Kap. 1.3.13). Aber an der Frage „Wieviel braucht man?“ scheiden sich die Geister.

2 Stöchiometrie

Stöchiometrie ist chemisches Rechnen. Das Wort stammt von griech. *stoicheia* und bedeutet Buchstabe, Grundstoff, Element im Sinne von ARISTOTELES; *-metrie* kommt von griech. *metron*, das Maß. Mit Hilfe der Stöchiometrie kann man chemische Bruttoformeln aufgrund von Analysenergebnissen aufstellen und chemische Umsetzungen mathematisch berechnen.

Das Gesetz von der Erhaltung der Masse besagt, daß bei jeder Reaktion die Gesamtmasse der Ausgangsstoffe gleich der Gesamtmasse der entstandenen Produkte sein muß. Auch ist die Anzahl der Atome jedes Elements vor und nach der Reaktion gleich. Von DALTON (1766–1844) stammt das Gesetz der *multiplen Proportionen*. Es besagt, daß die Gewichte zweier sich zu verschiedenen chemischen Verbindungen vereinigenden Elemente im Verhältnis einfacher ganzer Zahlen zueinander stehen. PAULING benannte die Masseeinheit u eines hypothetischen Atoms der Atommasse 1 nach DALTON.

Außer dem Gesetz der multiplen Proportionen ist in der Stöchiometrie auch das Gesetz der äquivalenten Proportionen wichtig, wonach sich Elemente stets im Verhältnis ihrer Äquivalentgewichte (dazu später) oder ihrer ganzzahligen Vielfachen zu chemischen Verbindungen vereinigen.

Begründer der Stöchiometrie war RICHTER, der 1792–1793 das Werk *Anfangsgründe der Stöchyometrie oder Meßkunst chymischer Elemente* veröffentlichte.

2.1 Definitionen

2.1.1 Das Internationale Einheitensystem SI

Das Internationale Einheitensystem SI[1] wurde 1960 von der 1. Generalkonferenz für Maß und Gewicht eingeführt. Eine Vielzahl von Einheiten und Einheitensystemen hatte

[1] SI stammt von Le *S*ystème *I*nternational d'Unités. Von der Physikalisch-Technischen Bundesanstalt wurde das Buch SI – *Das Internationale Einheitensystem*, Verlag F. Vieweg & Sohn, Braunschweig 1977, herausgegeben. Über das Internationale Einheitensystem unterrichtet die vom Internationalen Büro für Maß und Gewicht im Pavillon de Breteuil, F-92310 Sèvres, erhältliche Schrift *Le Système International d'Unités*.
Die SI-Einheiten wurden in erster Linie für Wissenschaft und Technik entwickelt, wurden aber 1985 durch das Gesetz über Einheiten im Meßwesen vom 22. Februar 1985 (BGBl I, S. 409) und der Einheitenverordnung vom 13. Dezember 1985 (BGBl I, S. 2272) als gesetzliche Einheiten in der Bundesrepublik Deutschland eingeführt.

bis dahin internationale Handelsbeziehungen, Lehre und Wissenschaft behindert. Das neue System legt nun sieben definierte Einheiten, die Basiseinheiten, fest. Sie sind in Tabelle 2-1 aufgeführt. Danach folgen ihre Einheitendefinitionen.

Tabelle 2-1 Die SI-Basiseinheiten

Physikalische Größe		Einheit	
Name	Symbol	Name	Symbol
Länge	l	Meter	m
Masse	m	Kilogramm	kg
Zeit	t	Sekunde	s
Elektrische Stromstärke	I	Ampere	A
Thermodynamische Temperatur	T	Kelvin	K
Stoffmenge	n	Mol	mol
Lichtstärke	I_v	Candela	cd

Definitionen der Basiseinheiten:

- *Länge*: Das Meter ist die Länge der Strecke, die Licht im Vakuum während der Dauer von (1/299.792.458) Sekunden durchläuft.
- *Masse*: Das Kilogramm ist die Einheit der Masse; es ist gleich der Masse des Internationalen Kilogrammprototyps.
- *Zeit*: Die Sekunde ist das 9.192.631.770fache der Periodendauer derjenigen Strahlung, die dem Übergang zwischen den beiden Hyperfeinstrukturniveaus des Grundzustandes von Atomen des Nuklids ^{133}Cs entspricht.
- *Elektrische Stromstärke*: Das Ampere[1] ist die Stärke eines konstanten elektrischen Stromes, der durch zwei parallele, geradlinige, unendlich lange und im Vakuum im Abstand von 1 Meter voneinander angeordnete Leiter von vernachlässigbar kleinem, kreisförmigem Querschnitt fließt und zwischen diesen Leitern von je 1 Meter Leiterlänge die Kraft $2 \cdot 10^{-7}$ Newton hervorrufen würde.
- *Thermodynamische Temperatur*: Das Kelvin[2], die Einheit der thermodynamischen Temperatur, ist der 273,16te Teil der thermodynamischen Temperatur des Tripelpunktes des Wassers.

[1] Das *Ampere* trägt den Namen des französischen Physikers und Mathematikers André-Marie AMPÈRE (1775–1836).

[2] Das *Kelvin* wurde nach dem englischen Physiker Sir William Thomson, dem LORD KELVIN of Largs, benannt.

- *Stoffmenge*: Das Mol ist die Einheit der Stoffmenge eines Systems, das aus ebenso vielen Einzelteilchen besteht, wie Atome in 0,012 Kilogramm des Kohlenstoffnuklids ^{12}C enthalten sind. Bei Benutzung des Mols müssen die Einzelteilchen spezifiziert sein. Es können Atome, Moleküle, Ionen, Elektronen sowie andere Teilchen oder Gruppen solcher Teilchen genau angegebener Zusammensetzung sein.
- *Lichtstärke*: Die Candela ist die Lichtstärke in einer bestimmten Richtung einer Strahlungsquelle, die monochromatische Strahlung der Frequenz $540 \cdot 10^{12}$ Hertz aussendet und deren Strahlstärke durch Steradiant in dieser Richtung 1/683 Watt beträgt.

Von den Basiseinheiten leiten sich weitere Einheiten ab. Für einige der abgeleiteten Einheiten gibt es einen besonderen Namen, z.B. für die Celsius-Temperatur mit der SI-Einheit [K], für andere hingegen nicht, z.B. Volumen [m^3], die Dichte [kg/m^3] oder die Stoffmengenkonzentration [mol/m^3].

Tabelle 2-2 Abgeleitete Einheiten mit besonderem Namen

Physikalische Größe	Einheitenname	Einheitenzeichen	Dimension in SI-Einheiten
Kraft	Newton	N	$m \cdot kg \cdot s^{-2}$
Druck	Pascal	Pa (= N/m^2)	$kg \cdot s^{-2} \cdot m^{-1}$
Energie, Arbeit	Joule	J (= $N \cdot m$)	$kg \cdot s^{-2}$
Celsius-Temperatur	Grad Celsius	°C	K

Schließlich gibt es abgeleitete Einheiten, die leicht durch dezimale Vielfache und Teile von SI-Einheiten angegeben werden können, z.B. das Volumen [Liter], die aber keinen besonderen Namen haben:

Tabelle 2-3 Abgeleitete Einheiten ohne besonderen Namen

Physikalische Größe	SI-Einheit	Dimension
Fläche	Quadratmeter	m^2
Volumen	Kubikmeter	m^3
Dichte	Kilogramm/Kubikmeter	kg/m^3
Stoffmengenkonzentration	Mol/Kubikmeter	mol/m^3

Die SI-Einheiten sind kohärent. Sie bilden ein System, in dem die Größen ausschließlich durch Multiplikation und Division ohne einen numerischen Faktor miteinander verbunden sind. Man kann z.B. einen Druck in bar angeben, der durch 1 bar = 10^5 Pa (Pascal) = 10^5 [N/m^2] = 10^5 [$kg/(s^2 \cdot m)$] ausgedrückt werden kann. Ein Druck wird auch in der inkohärenten Einheit Atmosphäre 1 atm = 101.325 Pa = 1.013,25 hPa oder als Torr 1 torr = 133,32 Pa angegeben. Die beiden letzteren Druckeinheiten können nicht ohne weiteres mit anderen physikalischen Größen verknüpft werden. Mit SI-Einheiten ist aber jede beliebige Umrechnung möglich, sie sind „kohärent".

Tabelle 2-4 Dezimale Vorsätze

Bruchteil	Vorsatz	Zeichen	Bruchteil	Vorsatz	Zeichen
10^{12}	Tera	T	10^{-1}	Deci	d
10^{9}	Giga	G	10^{-2}	Centi	c
10^{6}	Mega	M	10^{-3}	Milli	m
10^{3}	Kilo	k	10^{-6}	Mikro	µ
10^{2}	Hekto	h	10^{-9}	Nano	n
10	Deka	da	10^{-12}	Pico	p

Tabelle 2-5 Einheiten, die leicht als Vielfache oder Bruchteile von SI-Einheiten angegeben werden können

physikalische Größe	Einheitenname	Zeichen	Definition
Länge	Ångström	Å	10^{-10} m
Fläche	Ar	a	10^{2} m^{2}
	Hektar	ha	10^{4} m^{2}
Volumen	Liter	l	10^{-3} m^{3}
Masse	Tonne	t	10^{3} kg
Kraft	dyn	dyn	10^{-5} N
Druck	bar	bar	10^{5} Pa

Andere Einheiten sind keine SI-Einheiten und können auch nicht durch dezimale Vielfache oder Teile aus SI-Einheiten dargestellt werden. Sie sind aber nicht mehr aus den Naturwissenschaften wegzudenken, z.B. die Zeit [min], [h], [d].

Tabelle 2-6 Einheiten, die nicht zum SI-System gehören und auch nicht durch dezimale Vielfache oder Bruchteile von SI-Einheiten angegeben werden können

physikalische Größe	Einheitenname	Zeichen	Definition
Zeit	Minute	min	60 s
Zeit	Stunde	h	3.600 s
Zeit	Tag	d	86.400 s
Druck	Atmosphäre	atm	101.325 Pa
Druck	Torr	Torr	101.325/760 Pa
Energie	Kilowattstunde	kWh	$3{,}6 \cdot 10^{6}$ J
Energie	Kalorie	cal	4,184 J

Bei allen Berechnungen, in denen verschiedene physikalische Größen vorkommen, sollte man sich angewöhnen, sie nur in SI-Einheiten umgewandelt einzusetzen, damit das Ergebnis zuverlässig in einer SI-Einheit herauskommt.

2.1.2 Atommassen

Die von der IUPAC[1] 1985 vorgeschlagenen relativen Atommassen A_r basieren auf der Atommasse des Kohlenstoffnuklids ^{12}C, die gleich 12 gesetzt wird:

$$A_r(^{12}C) = 12$$

Da die Atommassen auf $^{12}C = 12$ bezogen werden, nennt man sie relative Atommassen A_r. Die Atommasseneinheit u ist 1/12 der Masse $m(^{12}C)$ des Nuklids ^{12}C. Sind $N_A = 6{,}023 \cdot 10^{23}$ Teilchen (die Avogadro-Konstante) in der Stoffmenge von einem Mol, dann ist

$$u = m(^{12}C)/12 = (12\ g/(12 \cdot N_A) = 12\ g/(12 \cdot 6{,}022 \cdot 10^{23})$$

und damit ist

$$u = 1{,}6606 \cdot 10^{-24}\ g.$$

Diese Größe wird auch Dalton [D] genannt.

Die Masse des Wasserstoffs, ausgedrückt in der Einheit u ist

$$m(^1H) = (1{,}6737 \cdot 10^{-24}\ [g])/(1{,}6606 \cdot 10^{-24}\ [g/u]) = 1{,}007825\ u.$$

2.1.3 Relative molare Masse

Die relative molare Masse M_r wird wie die relative Atommasse auf $^{12}C = 12$ bezogen. Da die Elemente in der Natur in unterschiedlichen Häufigkeiten vorkommen, unterscheiden sich die relativen Atommassen eines Isotops von der relativen Atommasse des natürlichen Isotopengemisches. Beispielsweise ist $A_r(^1H) = 1{,}007825$ und $A_r(H) = 1{,}00794$, weil neben Wasserstoff auch Deuterium und Tritium in der Natur vorkommen. M_r wird aus den relativen Atommassen $A_r(x)$ gebildet. Die Stellenanzahl von M_r soll nur so groß sein wie der ungenaueste Bestandteil, z.B.:

$$M_r(NH_3) = 14{,}0067 + 3 \cdot 1{,}007825 = 17{,}0304;$$

$$M_r(Ca(OH_2)) = 74{,}0946 \approx 74{,}09;$$

$$M_r(Na_2CO_3 \cdot 10\ H_2O) = 286{,}140744 \approx 286{,}141.$$

[1] *I*nternational *U*nion for *P*ure and *A*pplied *C*hemistry

2.1.4 Stoffmenge

Der Name der Stoffmenge ist das Mol, das Einheitenzeichen [mol]. Ein Mol ist die Stoffmenge, die von $6{,}023 \cdot 10^{23}$ Teilchen gebildet wird. Die Stoffmenge $n(x)$ kann auch durch die Teilchenzahl dieser Stoffmenge N_x, dividiert durch die Teilchenzahl pro Mol N_A, definiert werden:

$$n(x) = \frac{N_x}{N_A}$$

Die molare Masse $M(x)$ kann nun als Quotient aus der Stoffmasse $m(x)$ und ihrer Stoffmenge ausgedrückt werden:

$$M(x) = \frac{m(x)}{n(x)}$$

Die Stoffmenge $n(x)$ ist also gleich der Masse m, dividiert durch die molare Masse $M(x)$:

$$n(x) = \frac{m(x)}{M(x)} \text{ [mol]}$$

2.1.5 Äquivalent

Das Äquivalent hat die Einheit der Stoffmenge, also die Einheit [mol]. Das Wort äquivalent bedeutet gleichwertig. Das Äquivalent ist der gedachte Bruchteil $1/z$ eines Teilchens x, in dem z eine ganze Zahl ist, die sich aus der Ionenladung oder einer definierten Reaktion ergibt. Als symbolische Schreibweise des Äquivalents schreibt man $1/z$ vor das Teilchensymbol, z.B. 1/2 H_2SO_4; 1/5 $KMnO_4$; 1/2 Ca^{2+}.

z ist die Zahl der Äquivalente pro Teilchen x („Äquivalentzahl"). Ist $z = 1$, ist das Teilchen mit seinem Äquivalent identisch, z.B. bei 1/1 HCl. Das Äquivalent hat nur formale Bedeutung und dient vor allem dazu, in einer Reaktionsgleichung die stöchiometrischen Beziehungen auszudrücken. So hat als bildhaftes Beispiel der Mensch zwei Hände, mit denen er „Bindungen" eingehen kann ($z = 2$), trotzdem reagiert er als ein „Teilchen".

Ein Äquivalent eines Stoffes ist dem Äquivalent eines jeden anderen Stoffes gleichwertig, kann es ersetzen oder binden. Ein Äquivalent ist immer für eine bestimmte Reaktion zu definieren. Die Äquivalentzahl z, eine dimensionslose Zahl, kennen viele unter dem Begriff Wertigkeit.

Äquivalente sind

- das Neutralisations-Äquivalent. z ist hier die Anzahl H^+- oder OH^--Ionen, die der betreffende Stoff bindet oder abgibt;

- das Redox-Äquivalent. *z* wird hier folgendermaßen ermittelt: Es werden die Oxidationsstufen (s. Kap. 3.4.1) der betrachteten Verbindung oder des Atoms vor und nach der Oxidation oder Reduktion bestimmt. Entscheidend ist der Absolutbetrag der Differenz von *z* vor und nach der Reaktion;
- das Ionen-Äquivalent. $|z|$, der Absolutbetrag von *z*, ist hier die Ladungszahl des Ions.

Die Stoffmenge eines Äquivalents ist

$$n(x)(\mathrm{eq}) = z \cdot n(x)\ [\mathrm{mol}].$$

Die IUPAC definiert das Äquivalent so:

Das Äquivalent einer Substanz ist diejenige Stoffmenge, die in einer definierten Reaktion sich mit einer solchen Menge Wasserstoff vereinigt bzw. diesen freisetzt bzw. ersetzt, wie an 3 g Kohlenstoff in $^{12}CH_4$ gebunden sind. 3 g $^{12}CH_4$ enthalten 12 Mol Wasserstoffatome.

Die Äquivalentmasse ist die relative Stoffmenge eines Äquivalents[1] in der Einheit der Masse, z.B. [g].

2.1.6 Anteile und Konzentrationen

Anteile sind Quotienten aus einer Größe und der Summe gleichartiger Größen in einer Mischung.

Massenanteile $w(x)$ beziehen Stoffmassen $m(x)$ auf die Summe aller Stoffmassen $\Sigma m(x)$ in der Mischung:

$$w(x) = \frac{m(x)}{\sum m(x)}$$

Volumenanteile χ[2] beziehen Volumina aufeinander:

$$\chi(x) = \frac{V(x)}{\sum V(x)}$$

Stoffmengenanteile, auch Molenbrüche genannt, beziehen Stoffmengen aufeinander:

$$X(x) = \frac{n(x)}{\sum n(x)}$$

---

[1] Nach dem Arzneibuch VII.2.2 Maßlösungen, ist ein Äquivalent *die Anzahl Gramm einer Substanz, die in einer genau definierten Reaktion 6,023 · 10^{23} titrierbare Wasserstoffionen freisetzt, aufnimmt oder ihnen in anderer Weise äquivalent ist* (Säure-Base-Reaktion) *oder 6,023 · 10^{23}* Elektronen (Redox-Reaktion).

[2] Der griechische Buchstabe χ wird im Deutschen chi transskribiert.

Alle Anteile sind dimensionslose Zahlen, die als Dezimal- oder Verhältniszahl, aber auch z.B. als Prozent, Promille, ppm (parts per million) = 10^{-4} % oder ppb (parts per billion) = 10^{-7}% angegeben werden können (s. Tab. 2-7).

Unter Anteilen von Stoffen in Gemischen kann man aber nicht nur Massenanteile verstehen. Auch Anteile von Volumina oder Volumenanteile bezogen auf Massen kommen vor. Gemeinhin versteht man unter Anteilen oft Konzentrationen, die man um der Klarheit willen spezifizieren soll.

Konzentrationen beziehen eine Masse $m(x)$, ein Volumen $V(x)$ oder eine Stoffmenge $n(x)$ immer auf eine Masse M oder ein Volumen V, z.B.

- Massenkonzentration $\beta(x) = m(x)/V$ [g/l], [kg/m³], [mg/l][2]
- Volumenkonzentration $\sigma(x) = V(x)/V$ []
- Stoffmengenkonzentration $c(x) = n(x)/V$ [mol/l], [mol/m³], [mmol/l]
- Äquivalentkonzentration $c(\text{eq})(x) = n(\text{eq})(x)/V$ [mol/l], [mol/m³], [mmol/l]

Eine gewisse Sonderstellung nimmt die Molalität ein, denn sie bezieht die Stoffmenge $n(x)$ eines gelösten Stoffes auf die Masse des Lösemittels:

Molalität $b(x) = n(x)/M$ [mol/kg Lösemittel]

Tabelle 2-7 Prozentuale Konzentrationsangaben und weitere Konzentrationsbezeichnungen

Deutsche Bezeichnung	Bedeutung	Gebrauch als/für
Prozent (*m*/*m*)	g in 100 g Endprodukt	normale Konzentrationsangabe
Prozent (*V*/*V*)	ml in 100 g Endprodukt	Ethanol-Wasser-Gemische
Prozent (*V*/*m*)	ml in 100 g Endprodukt	Ätherisches Öl in Pflanzen
Prozent (*m*/*V*)	g in 100 ml Endprodukt	Injektions- und Infusionslösungen

Deutsche Bezeichnung	Englische Bezeichnung	Bedeutung
ppm: Teile pro Million	*p*arts *p*er *m*illion	Teile in einer Million Teile, z.B. mg/kg, ml/m³, weniger genau auch mg/l
ppb: Teile pro Milliarde	*p*arts *p*er *b*illion	mg/1.000 kg, µg/kg

Will man den Massenanteil eines Elements oder eines Teils in einer Verbindung berechnen, wird die molare Masse des gesuchten Bestandteils durch die molare Masse der Gesamtverbindung dividiert. Die Stellenanzahl der Zwischenergebnisse soll nicht gerundet oder vom Rechner auf eine geringere Stellenanzahl abgeschnitten werden.

Beispiel: Welchen Massenanteil hat Natriumcarbonat in Natriumcarbonat-Decahydrat?

105,98874 g/ 286,14074 g = 0,37041 = 37,041%

Die wichtigsten Maßeinheiten in der Analytik werden in Tabelle 2-8 noch einmal zusammengefaßt.

---

[2] Die *Dichte* ist der Quotient m_i/V_i, also auf das Volumen des *Stoffes i* bezogen.

Tabelle 2-8 Häufig gebrauchte Maßeinheiten in der Analytik

physikalische Größe	Symbol	Einheitenname	Einheitenzeichen
Masse	$m(x)$	Kilogramm, Gramm	kg, g
Stoffmenge	$n(x)$	Mol	mol
Äquivalentstoffmenge	$n(\text{eq})(x)$	Mol	mol
molare Masse	$M(x)$	Gramm/Mol	g/mol
relative molare Masse	$M_r(x)$	-	-
Äquivalentmasse	$M(\text{eq})(x)$	Gramm/Mol	g/mol
Volumen	V	Liter	L, l, L, ml
Massenanteil	$w(x)$	-	-
Volumenanteil	$\chi(x)$	-	-
Stoffmengenanteil, Molenbruch	$X(x)$	-	-
Massenkonzentration	$\beta(x)$	Gramm/Liter	g/l
Volumenkonzentration	$\sigma(x)$	Liter/Liter	L/L, l/l
Stoffmengenkonzentration, Molarität	$c(x)$	Mol/Liter	mol/l
Äquivalentkonzentration, Normalität	$c(\text{eq})(x)$	Mol/Liter	mol/l
molare Löslichkeit	$L(x)$	Mol/Liter	mol/l
prozentuale Löslichkeit	$L^*(x)$	Gramm/100 ml	g/100 ml
Molalität	$b(x)$	Mol/kg	mol/kg
maßanalytischer Faktor	F	Gramm/Liter	g/l, mg/ml
Normalfaktor (Titer)	f oder t	-	-
Äquivalentzahl, Wertigkeit	z	-	-

2.1.7 Aktivität

Bei chemischen Reaktionen beobachtet man oft eine verminderte Wechselwirkung, die nicht ihrer Stoffmengenkonzentration entspricht. Dieser Effekt kommt dadurch zustande, daß die gelösten Teilchen assoziieren und sich dadurch in ihrer Reaktivität behindern. Nur bei sehr geringen Konzentrationen kann man diese Wechselwirkungen vernachlässigen, denn nur dann beobachtet man Wirkungen der Teilchen, die ihren Konzentrationen entsprechen. Will man das Massenwirkungsgesetz auch bei konzentrierteren Lösungen anwenden, muß man die Konzentration c mit einem Korrekturfaktor f multiplizieren, um die wahre Konzentration in die nach außen wirksamen, effektiven, aktiven Konzentrationen a, die Aktivität, umzurechnen:

$$a = c \cdot f$$

Der Aktivitätsbegriff beschränkt sich nicht auf Elektrolytlösungen allein, sondern wird auf jedes gelöste Molekül angewendet, weil das chemische Potential eines Stoffes immer auch von seiner Umgebung abhängt. Der Aktivitätskoeffizient ist von der Temperatur, der Konzentration und der Ladung des Teilchens sowie von der Gesamtheit der in der Lösung vorhandenen Teilchen („Ionenstärke“) abhängig. Er wird mit der Temperatur größer und mit steigender Konzentration und Ladung kleiner. Bei der (hypothetischen) Konzentration 0 wird er zu 1. Solche Lösungen nennt man ideale Lösungen, andere reale.

2.2 Stöchiometrisches Rechnen

Stoffe setzen sich im Verhältnis ganzer Zahlen der beteiligten Moleküle um: Aus 1 Molekül $CaCO_3$ entsteht 1 Molekül CO_2. Möchte man erfahren, wieviel Kilogramm CO_2 aus 1 kg $CaCO_3$ entstehen, muß man die relativen Molmassen der beiden Moleküle ins Verhältnis setzen:

$$M_r(CaCO_3) = 100{,}09;\ M_r(CO_2) = 44{,}01.$$

Aus 100,09 kg Calciumcarbonat entstehen 44,01 kg Kohlendioxid. Der Faktor für eine Berechnung der CO_2-Menge aus einer gegebenen Menge Carbonat heißt stöchiometrischer Faktor und beträgt

$$44{,}01/100{,}09 = 0{,}43970.$$

Viele nützliche Faktoren wie dieser sind tabelliert.[1]

Bei den folgenden einfachen Rechnungen geht es nicht nur darum, sie überhaupt lösen zu können, sondern auch darum, mit den Möglichkeiten des eigenen Rechners gründlich vertraut zu werden. Bei den Aufgaben in der Praxis kommt es auch auf die *Geschwindigkeit* an. Daher sind intelligente Rechenwege wichtig.

2.2.1 Einfache Rechenübungen

Man sollte die folgenden vier Beispiele einmal rechnen, *bevor* man das Ergebnis und den Lösungsweg gesehen hat. Daher folgt auf die Fragezeile stets erst die Lösungszeile. In den darauffolgenden Zeilen steht dann ein möglicher Lösungsweg.

1. Beispiel:

Wieviel Kalium entsteht aus 50 g Kaliumchlorid, wenn der Verlust 12% beträgt?

Ergebnis: 23,0756 g.

---

[1] Die Faktoren sind tabelliert z.B. in KÜSTER/THIEL, *Rechentafeln für die chemische Analytik*, 104. Auflage, W. de Gruyter Verlag, 1993.

Ein möglicher Weg: Die molaren Massen sind M_{KCl} = 74,5510 g/mol und M_K = 39,0980 g/mol.

Der stöchiometrische Faktor für die gewünschte Umrechnung von KCl in K beträgt

39,0980/74,5510 = 0,5244.

Davon sind 12% abzuziehen. Diesen Anteil kann man durch Multiplizieren mit 0,88 errechnen, ohne mit den Fallstricken der Prozenttaste auf den Rechnern in Konflikt zu geraten. Dies ergibt den neuen stöchiometrischen Umrechnungsfaktor 0,4615. Aus 50 g Kaliumchlorid entstehen also 50 · 0,4615 = 23,0756 g Kalium.

Alternativ kann man natürlich auch mit dem allgemeingültigen (auch tabellierten) Faktor 0,5244 rechnen und erst danach die individuellen 12% Verlust abziehen. Damit ist die Aufgabe allgemeingültig lösbar.

2. Beispiel:

Wie groß ist die Massenzunahme von 10 g Eisen bei der Oxidation zu Eisen(III)-oxid?

Ergebnis: 4,297 g.

Ein möglicher Weg: Man bildet zuerst die Umsetzungsgleichung. Sie braucht nur die notwendigen Elemente zu enthalten und lautet hier:

aus 2 Fe wird Fe_2O_3.

Nun berechnet man die atomaren bzw. molaren Massen:

M_r (Fe) = 55,8470; $M_r(Fe_2O_3)$ = 159,692.

Der stöchiometrische Faktor für eine Umsetzung des Eisens in Eisenoxid beträgt 159,6922/(2 · 55,8470) = 1,4297.

Daß die Masse durch Oxidation zunehmen muß, ist offensichtlich. Daher ist auch ein Faktor >1 plausibel. Auf diese Weise überprüft man rasch, ob man den Bruch richtig gebildet, nicht etwa den tabellierten Kehrwert 0,6994 verwendet hat, mit dem man das in Eisenoxid enthaltene Eisen errechnen kann, und ob man an den Faktor 2 gedacht hat.

Aus 10 g Eisen entstehen also 10 g · 1,4297 = 14,297 g Fe_2O_3.

In der Aufgabe ist aber nach der *Zunahme* gefragt; die Antwort ist also

14,297 g – 10 g = 4,297 g Massenzunahme.

3. Beispiel:

Wieviel Gramm NaCl und wieviel Gramm Wasser braucht man für 600 g 5prozentige Natriumchloridlösung?

Ergebnis: 30 g NaCl und 570 g Wasser.

Ein möglicher Weg: Man verwandle zunächst die Prozentzahl 5 in eine Dezimalzahl (wegen etwaiger Schwierigkeiten mit dem Rechner, s.o.):

5% = 0,05. 5% von 600 sind 0,05 · 600 = 30 g NaCl.

Der Rest (bitte nicht 95% von 600 rechnen) sind 570 g Wasser.

4. Beispiel:

Wieviel kg 66prozentige Schwefelsäure entstehen aus 500 kg Pyrit (FeS_2), die 16,5% Gestein als Verunreinigung enthalten?

Ergebnis: 1034,26 kg.

Ein möglicher Weg: Zuerst wird die stöchiometrische Gleichung aufgestellt, die nur das Wesentliche für die Fragestellung zu enthalten braucht. Es ist also ohne Belang, was außer Pyrit noch für die Umsetzung nötig ist. Diese Vereinfachung spart Zeit!

Aus FeS_2 werden 2 H_2SO_4.

Nun werden die molaren Massen der beiden Verbindungen berechnet:

M_r (FeS_2) =119,9670; 2 M_r(H_2SO_4) = 196,1468.

Der stöchiometrische Faktor für die Umsetzung von Eisensulfid in Schwefelsäure ist also

196,1468/119,9670 = 1,6350.

Nun kann man entweder die 16,5% Verlust gleich von der Ausgangsmenge (das ergibt 417,5 kg reines Pyrit) oder vom Endergebnis abziehen: 500 kg – 16,5% = 417,5 kg. Mit dem stöchiometrischen Faktor multipliziert, erhält man 417,5 kg · 1,635 = 682,6125 kg reine Schwefelsäure. Diese entsprechen 682,6125 · (100/66) = 1034,26 kg 66prozentiger Schwefelsäure.

Berechnung einer empirischen Summenformel

Eine empirische Formel ist eine Formel, die man z.B. aus dem Ergebnis einer Elementaranalyse aufzustellen versucht, um zu erfahren, welche Verbindung man vor sich hat(te). Eine Elementaranalyse liefert Prozentanteile der Atome einer Verbindung. Wie berechnet man nun eine empirische Formel aus den Massenanteilen *w* der Komponenten?

1. Beispiel:

Gegeben seien die Massenanteile des Kohlenstoffs und Wasserstoffs:

w(C) = 92,26%; w(H) = 7,75%;

Man nimmt an, die Prozentzahlen seien Massen in [g]. Es spielt aber keine Rolle, ob diese Zahlen eine Dimension haben oder nicht, weil sie später nur ins Verhältnis zueinander gesetzt werden.

Aus ihnen berechnet man die Stoffmengen $n(x)$:

$n(x)(C) = 92,26 g/12,011 g/mol = 7,681 mol;$

$n(x)(H) = 7,75 g/1,0079 g/mol = 7,688 mol.$

Das Atomzahlenverhältnis kann nur ganzzahlig sein. Die geringen Abweichungen zwischen den Stoffmengen sind Meßungenauigkeiten, dürfen also mißachtet werden. Damit stehen die Elemente C und H also sehr wahrscheinlich im Verhältnis 1:1, die empirische Formel kann lauten C_nH_n.

2. Beispiel:

Eine Elementaranalyse hat folgende Massenanteile ergeben:

$w(Ca) = 18,29\%; w(Cl) = 32,37\%; w(H_2O) = 49,34\%;$

Daraus errechnet man die Stoffmengen

$n(x)(Ca) = 18,29 g/40,08 g/mol = 0,456 mol;$

$n(x)(Cl) = 49,34 g/35,453 g/mol = 0,9130 mol;$

$n(x)(H_2O) = 32,37 g/18,0152 g/mol = 2,7388 mol.$

Die Bestandteile Ca, Cl und H_2O stehen damit im Molverhältnis

$Ca : Cl : H_2O = 0,456 : 0,9130 : 2,7388.$

Da in einem Molekül nur ganzzahlige Verhältnisse vorkommen können, dividiert man alle Verhältniszahlen durch die kleinste Zahl unter ihnen und erhält das neue Molverhältnis

$Ca : Cl : H_2O = 1 : 2,008 : 6,0017,$

welches gerundet wird und danach zur wahrscheinlichen Formel $CaCl_2 \cdot 6 H_2O$ führt.

2.2.2 Berechnung eines Stoffmengenanteils

Der Stoffmengenanteil $X(x)$ eines Stoffes x ist der Quotient aus der Stoffmenge $n(x)$ dieses Stoffes und der Summe der Stoffmengen aller Komponenten Σx_i im Gemisch:

$$X(x) = \frac{n(x)}{\sum x_i}$$

X wird oft als Molenbruch eines Stoffes bezeichnet und ist eine dimensionslose Zahl, die man auch in Prozent angeben kann. Die Summe der Stoffmengenanteile oder Molenbrüche jeder Komponente im Gemisch ist stets 1. Wir greifen nochmals das Beispiel 2 aus der Berechnung einer empirischen Formel (s.o.) auf. Dort beträgt die Gesamtstoffmenge

Σx_i = 0,456 mol Ca + 0,913 mol Cl + 2,7388 mol Wasser, zusammen 4,1078 mol.

Danach ist der Stoffmengenanteil X für Calcium

$X(Ca) = 0{,}456/4{,}1078 = 0{,}111$ oder 11,1%,

für Chlor ist er

$X(Cl) = 0{,}913/4{,}1078 = 0{,}223$ oder 22,3%,

für Wasser ist er

$X(H_2O) = 2{,}7388/4{,}1078 = 0{,}667$ oder 66,67%.

Verwechslungsgefahr besteht zwischen *Stoffmengen*anteilen in [%] (umgangssprachlich: Molprozent) und den sonst geläufigen *Massen*anteilen in [%] (umgangssprachlich: Gewichtsprozent).

Ein weiteres Beispiel:

3,5 mol NaCl sind in 12,5 mol Wasser gelöst. Gesucht ist X (NaCl).

$X(NaCl) = 3{,}5/(3{,}5+12{,}5) = 21{,}875\%$.

2.2.3 Berechnung der Stoffmengen- und Äquivalentkonzentration

Die Stoffmengenkonzentration $c(x)$ ist eine der wichtigsten Größen in der Stöchiometrie, weil sie weitreichende Bedeutung für die Chemie und Pharmazie im Zusammenhang mit der Maßanalyse, aber auch mit physikalisch-chemischen und pharmakologischen Wirkungen der Stoffe hat. Die Stoffmengenkonzentration heißt umgangssprachlich Molarität. Sie hat nach den SI-Einheiten die Dimension [mol/m^3], wird aber häufig in der Einheit [mol/Liter] angegeben.

Die Stoffmengenkonzentration $c(x)$ ist

$$c(x) = \frac{m}{M \cdot V}$$

$c(x)$ = Stoffmengenkonzentration [mol/l]
$m(x)$ = Masse des Stoffes [g]
$M(x)$ = relative molare Masse des Stoffes
V = Volumen der Lösung [l]

Als volumenbezogene Größe ist die Stoffmengenkonzentration temperaturabhängig.

Zwei Beispiele für Berechnungen der Stoffmengenkonzentration:

1. Beispiel:

Wie groß ist $c(x)$ für 17 g HCl in 50 ml Lösung?

17 [g]/36,4609 [g/mol] = 0,46625 mol, enthalten in 50 ml. Dies ergibt $c(x)$ = 9,3251 mol/l.

2. Beispiel:

Wie groß ist die Stoffmengenkonzentration $c(x)$ für 78prozentige (m/m) Schwefelsäure mit der Dichte 1,710 g/ml?

Ergebnis: 13,6 mol/l.

780 g Schwefelsäure sind in 1 kg Lösung enthalten. Deren Volumen beträgt 0,5848 l. Damit sind 1333,8 g in 1 l Lösung. 1333,8 [g/l] sind $c(x) = 13{,}6$ mol/l.

Ist $n(\mathrm{eq})(x)$ die Stoffmenge eines Äquivalents, dann ist

$$c(\mathrm{eq})(x) = \frac{n(\mathrm{eq})(x)}{V}$$

Ist die Stoffmengenkonzentration $c(x)$ bekannt, ist

$$c(\mathrm{eq})(x) = z \cdot c(x)$$

Wie groß ist $c(\mathrm{eq})(x)$ im 2. Beispiel für Schwefelsäure?

Ergebnis: $c(\mathrm{eq})(x) = c(x) \cdot z = 13{,}6\ [\mathrm{mol/l}] \cdot 2 = 27{,}2$ mol/l.

2.2.4 Umrechnungen

Immer wiederkehrende Rechenoperationen sind Umrechnungen, z.B. die folgenden:

2.2.4.1 Umrechnung des Massenanteils in den Stoffmengenanteil

Der Massenanteil $w(x)$ [%] soll in den Stoffmengenanteil $X(x)$ [%] umgerechnet werden. Beide Anteile sind dimensionslose Zahlen. Man muß den Ergebnissen anfügen, ob sie Massenanteile oder Stoffmengenanteile darstellen.

Beispiel:

Bei der Absolutierung von Ethanol sind folgende Massenanteile gegeben:

w(Ethanol, C_2H_5OH) = 10%; w(Benzol, C_6H_6) = 45%; w(Wasser): der Rest.

Zu berechnen sind die Stoffmengenanteile aller Stoffe.

Wir berechnen die Molmassen:

M_r(Ethanol) = 46,0688; M_r(Benzol) = 78,1134; M_r(Wasser) = 18,0152.

Daraus errechnen wir die Stoffmengen $n(x)$:

n(Ethanol) = 0,21706 mol; n(Benzol) = 0,57608 mol; n(Wasser) = 2,4979 mol.

Die Summe der Stoffmengen ergibt $n(x) = 3{,}291$ mol.

Die Stoffmengenanteile $X(x)$ sind:

X(Ethanol) = 6,6 %; X(Benzol) = 17,5 %; X(Wasser) = 75,90 %.

% bedeutet hier [mol/mol] · 100 (= Molprozent).

Für die drei nachfolgenden Umrechnungen gelten folgende gemeinsame Vorgaben:

0,1 mol eines Stoffes S mit $M_r(x) = 158{,}144$ g/mol ist zu 1 l wässriger Lösung gelöst, die Dichte ist 1,0118 g/ml.

2.2.4.2 Umrechnung der Stoffmengenkonzentration in den Massenanteil

Es soll aus der Stoffmengenkonzentration der Massenanteil berechnet werden:

Ergebnis: 1,563% (*m*/*m*).

Ein möglicher Lösungsweg: 0,1 mol von S sind 15,8144 g. 1 l Lösung sind 1,0118 kg; dann sind 15,63 g in 1 kg Lösung gelöst. Das ergibt einen Massenanteil von 1,563% (*m*/*m*).

2.2.4.3 Umrechnung der Stoffmengenkonzentration in den Stoffmengenanteil

Ergebnis: 0,1826 %.

Die Stoffmenge beträgt $n(\mathrm{S}) = 0{,}1$ mol. Sie ist gelöst in (1011,8 g – 15,8144 g) = 995,9856 g Wasser. Diese Masse ergibt

995,9856 [g]/18,0152 [g/mol] = 55,2858 mol Wasser.

Der Stoffmengenanteil $X(\mathrm{S})$ ist dann

$X(\mathrm{S}) = 0{,}1/(55{,}2858+0{,}1) = 0{,}001806 = 0{,}1806$ % [mol/mol].

2.2.4.4 Umrechnung der Stoffmengenkonzentration in die Molalität

Die Molalität ist weder eine Konzentration, noch eine Menge. Sie hat die Einheit [mol/*kg Lösemittel*] und spielt bei physikalisch-chemischen Effekten wie Dampfdruckerniedrigung, Gefrierpunktserniedrigung, Siedepunktserhöhung und dem osmotischen Druck die entscheidende Rolle.

Nochmals die Vorgaben für die Umrechnung:

0,1 mol eines Stoffes S mit der molaren Masse $M_r(x) = 158{,}144$ g/mol sind zu 1 l wässriger Lösung gelöst; die Dichte beträgt 1,0118 g/ml.

Die Molalität $b(x)$ der Lösung soll nun berechnet werden.

Ergebnis: Die Lösung ist 0,10161 molal.

Ansatz: $b(x) = n(x)/m$ Lösemittel

Ein möglicher Lösungsweg: 0,1 mol sind in (1011,8 – 15,8144) = 995,9856 g Wasser gelöst, also sind 0,10161 mol in 1 kg Wasser gelöst. Damit ist die Lösung 0,100403 molal.

In physikalisch-chemischen Versuchen kommen durchaus stark von der Molarität abweichende Molalitäten vor. Bei wässrigen Lösungen mit Stoffmengenkonzentrationen unter 0,1 molar kann man Molarität = Molalität annehmen.

2.2.5 Berechnung von Mischungen

Mischungen können aus zwei Lösungen zusammengefügt werden oder durch Verdünnen (mit Wasser) entstehen. Letztere sind natürlich einfacher zu berechnen.

2.2.5.1 Das Mischungskreuz

Die Aufgabe: Zu berechnen sind die Massen einer 78prozentigen und einer 48prozentigen Lösung derselben Substanz, die zum Herstellen einer 66prozentigen Lösung nötig sind.

Das Mischungskreuz, auch unter dem Namen ANDREAS-Kreuz bekannt, ist zum Herstellen einer Lösung gedacht, deren Gehalt zwischen den Gehalten der Ausgangslösungen liegt. Das reine Verdünnen, eine Ausgangslösung hat dann den Gehalt Null, ist der einfachste Fall.

Nachfolgend wird die Prozedur des Mischungsrechnens mit dem ANDREAS-Kreuz beschrieben: Die Massenanteile der beiden Ausgangslösungen, z.B. in Prozent (*m*/*m*), werden untereinander geschrieben und Pfeile auf den Massenanteil der herzustellenden Lösung gerichtet:

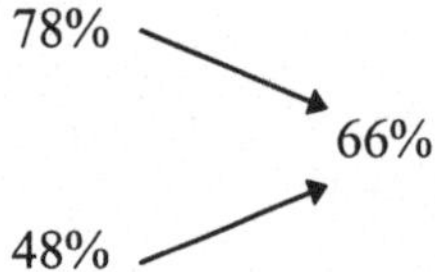

Die Pfeile werden verlängert, und es wird die Differenz der Prozentzahlen zur gesuchten Prozentzahl gebildet. Diese (m_1, m_2) ergeben die Massen der beiden Lösungen, die zur Herstellung der gesuchten Lösung zu mischen sind:

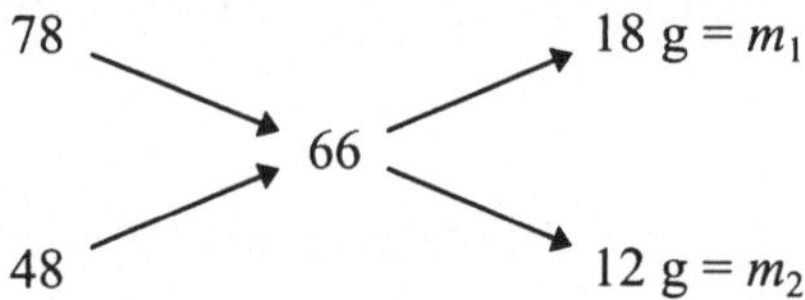

$m_1 + m_2 = 30$ g 66prozentige Mischung.

18 g der 78prozentigen und 12 g der 48prozentigen Lösung ergeben also 30 g einer 66prozentigen Mischung. Sollen andere Mengen hergestellt werden, verwendet man den Dreisatz. Sind Volumenprozent (*V*/*V*) gegeben, ergibt das Schema Volumina einzusetzender Stammlösungen. Falsch ist es, Massenprozent und Volumenprozent gemischt einzusetzen. Hier muß man sich entscheiden, ob man mit Volumina oder Massen weiterrechnen will, und entsprechend umrechnen. Eine Volumenkontraktion beim Mischen wird nicht berücksichtigt.

Für das reine Verdünnen aus einer konzentrierten Stammlösung gibt es praktische Merkformel: Konzentration der gewünschten Lösung mal ihre Menge, geteilt durch die

Konzentration der Stammlösung, ergibt die Menge Stammlösung, die mit Wasser auf die gewünschte Menge zu strecken ist.

Beispiel:

150 g einer 6prozentigen Wasserstoffperoxidlösung benötigen $150 \cdot 6/30 = 30$ g einer 30prozentigen Stammlösung und 120 g Wasser.

2.2.5.2 Die Mischungsformel

Sind w_1 und m_1 Gehalte bzw. Mengen einer Lösung 1, w_2 und m_2 die einer Lösung 2, w_m und m_m der Gehalt resp. die Menge der gewünschten Mischung, dann gilt

$$m_1 \cdot w_1 + m_2 \cdot w_2 = m_m \cdot w_m$$

und

$$\frac{m1}{m2} = \frac{wm - w2}{w1 - wm}.$$

Sollen mehrere Lösungen gemischt werden, kann man die Gleichung um m_3 resp. w_3 usw. erweitern.

2.2.6 Berechnung eines Normalfaktors oder Titers

Der Normalfaktor oder Titer ist ein Korrekturfaktor bei der Maßanalyse (für den Fall, daß die Maßlösung nicht korrekt angesetzt wurde oder sich zersetzt), mit dem man den ermittelten Verbrauch multiplizieren muß, um den Verbrauch einer genauen Maßlösung zu erhalten. Zu konzentrierte Maßlösungen haben Faktoren über 1, zu verdünnte unter 1. Ist eine Maßlösung hergestellt worden, muß ihr Faktor bestimmt werden, damit man später korrekte stöchiometrische Mengenberechnungen damit vornehmen kann.

Ein Beispiel:

Es ist eine etwa 0,05 M-Schwefelsäurelösung hergestellt worden, deren Titer nun aus folgenden Daten berechnet werden soll:

Schwefelsäurelösung $c(x) \approx 0{,}05$ M; 0,1998 g Na_2CO_3 wurden eingewogen; 41,2 ml der Schwefelsäurelösung wurden zum Neutralisieren verbraucht. Wie groß ist der Normalfaktor f?

Ergebnis: $f = 0{,}9151$.

Ein möglicher Lösungsweg: Zunächst verschafft man sich Gewißheit über die Umsetzung: Na_2CO_3 reagiert mit 1 H_2SO_4 zu Na_2SO_4.

Danach wird die molare Masse der Urtitersubstanz berechnet:

$M(Na_2CO_3)$ = 105,989 g/mol; 0,1998 g Na_2CO_3 sind $1{,}885 \cdot 10^{-3}$ mol; diese Menge wurde durch 41,2 ml Schwefelsäurelösung umgesetzt. In den 41,2 ml Schwefelsäurelösung sind genauso viele Mole Schwefelsäure enthalten, wie Mole Natriumcarbonat vorgelegt wurden. In 1 Liter Schwefelsäurelösung sind damit $1{,}885 \cdot 10^{-3}/0{,}0412 =$ 0,045759 mol enthalten. $c(x)$ ist damit 0,045759 mol/l. Dies ist der Ist-Gehalt. Der Soll-Gehalt beträgt aber 0,05 mol/l. Der Normalfaktor ist damit $f = 0{,}045759/0{,}05 = 0{,}9151$.

Ein anderer Weg: 1 l 0,05 M-H_2SO_4 würden 0,05 M-Na_2CO_3 = 5,2995 g brauchen; 0,1998 g Na_2CO_3 brauchen daher 37,702 ml Schwefelsäurelösung (= Soll).

Sollverbrauch/Istverbrauch: $37{,}701/41{,}2 = f = 0{,}9151$.

3 Maßanalyse

3.1 Was bedeutet Maßanalyse?

Bei der quantitativen Analyse, der Bestimmung eines Stoffgehaltes in einer Probe, wird man zunächst daran denken, den Stoff aus der Probe zu gewinnen, um ihn dann zu wiegen. Gewinnen kann man ihn z.B. durch Extraktion oder durch chemische Veränderung mit anschließendem Abscheiden. In jedem Fall aber steht am Ende der quantitativen Bestimmung eine Wägung. Es handelt sich dabei also um eine *gewichts*analytische Bestimmung.

Im Gegensatz dazu verwendet die *Maß*analyse die *Reagensmenge*, die für eine definierte Umsetzung des Stoffes nötig ist. So bestimmte schon GAY-LUSSAC, der die Maßanalyse im wesentlichen initiierte, Silberionen durch eine Natriumchloridlösung, deren Menge er abmaß und so auf die Silbermenge zurückschloß. Man könnte zwar das Silber durchaus auch gewichtsanalytisch bestimmen, indem man nach Fällung die Menge *Silberchlorid* abwiegt und auf Silber zurückrechnet; einfacher und schneller aber ist es, die für die Fällung erforderliche Menge *Natriumchloridlösung* zu messen. Auch die Bestimmung des Eisens durch MARGUÉRITE mittels einer Permanganatlösung gibt es schon seit 1846.

Gegenüber der Gewichtsanalyse hat die Maßanalyse folgende Vorteile:

- Die Maßanalyse läßt sich in wenigen Minuten bewerkstelligen, eine Gewichtsanalyse kann mehrere Stunden dauern. Die Maßanalyse verzichtet auf die umständliche und langwierige Isolierung eines Reaktionsprodukts, z.B. eines Niederschlags; zeitraubende Operationen wie Filtrieren, Auswaschen, Trocknen und Glühen entfallen. Die Maßanalyse ermöglicht daher rasche Serienuntersuchungen.
- Die Genauigkeit einer maßanalytischen Bestimmung ist oft, aber nicht immer, ebensogroß wie die einer gewichtsanalytischen Bestimmung, da bei letzterer viele Operationen mit möglichen Fehlerquellen behaftet sind.

Voraussetzungen für ein maßanalytisches Verfahren sind:

- die chemische Reaktion muß *eindeutig* und
- *vollständig* verlaufen, und man muß
- den *Endpunkt erkennen* können.

Für letzteres sorgt gewöhnlich ein *Indikator*, ein Stoff, der der Reaktion zugesetzt wird und sich am Reaktionsende erkennbar verändert (Farbindikator). Hier ergänzen elektrochemische Analysenmethoden die klassische Maßanalyse sinnvoll: Die elektrochemischen Methoden gewinnen während der Bestimmung ein elektrisches Signal, durch welches das Verfahren gesteuert und/oder das Reaktionsende detektiert werden kann.

Dadurch lassen sich die Messungen weitgehend automatisieren. Sie sind insbesondere für die Routineuntersuchung interessant. So kann man z.B. während einer Neutralisationsreaktion die pH-Wert-Änderung durch eine Elektrode erfassen und zugleich einen angeschlossenen oder im Gerät integrierten Rechner beauftragen, im Augenblick der stärksten pH-Wert-Änderung die zugegebene Reagensmenge festzuhalten. Damit hat dann dieser Titrator eine Säure automatisch maßanalytisch bestimmt. Der Indikator wurde sinnvoll durch ein Meß- und Rechenverfahren ersetzt.

Wie man sieht, vereinfacht das Bestimmen eines Stoffes durch eine Maßlösung das analytische Verfahren so weit, daß Apparate dafür eingesetzt werden können. Die folgenden Erklärungen umfassen zwar manuelle Bestimmungsverfahren, aber ohne vertiefte maßanalytische Kenntnisse lassen sich auch Bestimmungsautomaten nicht sinnvoll einsetzen.

3.2 Maßlösungen

3.2.1 Wozu Maßlösungen?

Soll eine Stoffmenge in einer Probe durch ein Reagens bestimmt werden, muß die Reagensmenge genau bekannt sein. Wir werden uns natürlich die Vorteile der Maßanalyse zunutze machen und Reagensmengen in Form von Lösungen nicht etwa *abwiegen*, sondern *abmessen*, d.h. ihre Menge durch ihr Volumen bestimmen. Der Gehalt dieser Reagenslösungen, die wir Maßlösungen nennen, kann grundsätzlich beliebig sein. Man könnte z.B. eine Lösung herstellen, von der ein Zusatz von 10 ml einer zu bestimmenden Stoffmenge von genau 10 mg entspricht. Diese Maßlösung ist dann für die beabsichtigte Umsetzung, d.h. für einen bestimmten Stoff, spezifisch, und ihr für die Bestimmung verbrauchtes Volumen ergibt ohne weitere Berechnung die zu ermittelnde Stoffmenge. Maßlösungen dieser Art haben dann ihre Berechtigung, wenn mit dieser Lösung wirklich immer nur jener Stoff bestimmt werden soll. Will man aber auch einen anderen Stoff mit dieser Maßlösung bestimmen, wird klar, daß ihre Reagenskonzentration nicht mehr vorteilhaft ist. Um die Maßlösung universell einsetzen zu können, müssen wir uns noch einmal mit dem Begriff des Äquivalents auseinandersetzen (s. Kap. 2.1.5).

3.2.2 Normallösungen

Sind unsere Maßlösungen auf Äquivalente anstatt auf Mole oder gar Prozentgehalte norm(alis)iert, nennen wir sie Normallösungen. Ihr Gehalt beträgt bei einer einnormalen (1 N-) Lösung 1 Äquivalent im Liter Lösung. Sie werden damit universell einsetzbar: 1 Liter jeder ein*normalen* Säurelösung neutralisiert jeden Liter einer 1 N-Basenlösung. Allgemein entspricht jede beliebige Menge einer *Normallösung* der gleichen Menge einer anderen, gleichstarken Normallösung. Man findet die Milligrammenge eines Stoffes in einer Probe, indem man die Äquivalentmasse des Stoffes in [mg] mit der Anzahl der bei der Reaktion verbrauchten Milliliter einer 1 N-Lösung multipliziert.

Sind die umzusetzenden Stoffmengen zu gering für eine 1 N-Lösung und wird deshalb der Verbrauch an 1 N-Maßlösung zu klein, steigt der Bestimmungsfehler. Dann verwendet man 0,1 N-Lösungen. Noch verdünntere Lösungen, z.B. 0,01 N-Lösungen, werden seltener gebraucht.

Der Begriff Normalität ist ein alteingeführtes Konzentrationsmaß. Da aber die Stoffmengeneinheit Val nicht mehr empfohlen wird, sie entspricht auch nicht der DIN-Norm 32 625 vom Juli 1980, sollen Stoffmengen von Äquivalenten durch den Molbegriff ausgedrückt werden.

Die Äquivalentkonzentration eines Titrators[1] T $c(\mathrm{eq})(T)$, multipliziert mit dem verbrauchten Volumen $V(T)$, ergibt die Äquivalentstoffmenge des Titrators

$$c(\mathrm{eq})(T) \cdot V(T) = n(\mathrm{eq})(T).$$

Diese ist der Äquivalentstoffmenge des umgesetzten Stoffes x, des Titranten, gleich:

$$n(\mathrm{eq})(T) = n(\mathrm{eq})(x)$$

Die umgesetzte Stoffmenge des Titranten ist aber auch der Quotient aus seiner Masse $m(x)$ und seiner molaren Masse $M(x)$:

$$n(\mathrm{eq})(x) = \frac{m(x)}{M(x)}$$

Dies führt zu folgender Gesamtformel:

$$\frac{m(x)}{M(x)} = c(\mathrm{eq})(T) \cdot V(T) \qquad \text{oder}$$

$$m(x) = c(\mathrm{eq})(T) \cdot V(T) \cdot M(x), \qquad \text{kurz}$$

$$m = c \cdot V \cdot M.$$

3.2.3 Stoffe für Maßlösungen, Urtitersubstanzen

Wir müssen von den Stoffen für Maßlösungen zweierlei verlangen:

- *definierte Zusammensetzung* und
- *vollkommene Reinheit.*

---

[1] Titrator nennt man diejenige Lösung, mit der titriert wird. Der Titrant ist die zu analysierende Lösung.

Definierte Zusammensetzung bedeutet, daß die Verbindung aus Atomen aufgebaut ist, die genau der chemischen Formel entsprechen. Vollkommene Reinheit bedeutet nicht nur, daß keine anderen Stoffe enthalten sind, sondern auch, daß z.B. kein Kristallwasser anhaftet. Außerdem sollte die Lösung des Stoffes stabil sein.

Stoffe, die beide Kriterien erfüllen oder sich in entsprechender Weise reinigen lassen, nennt man *Urtiter*substanzen.[1] Verwendet man Substanzen „zur Analyse" (p.A. Substanzen), erübrigt sich eine weitere Reinigung.

3.2.3.1 Herstellen von Maßlösungen

Die Äquivalentmasse des Stoffes für eine Maßlösung abwiegen und zu einem bestimmten Lösungsvolumen auflösen, das klingt einfach. Wir wollen aber mit der Maßanalyse Stoffmengen mit ähnlicher Genauigkeit bestimmen wie durch Abwiegen. Dies erfordert zunächst ungewohnt erscheinende Vorarbeiten.

Maßlösungen[2] aus Urtitersubstanzen sind z.B. Natriumchlorid-Lösung, Kaliumbromat-Lösung, Kaliumdichromat-Lösung und Natriumoxalat-Lösung. Urtitersubstanzen dürfen sich dabei nicht an der Luft, z.B. durch Anziehen von Wasser, verändern.

Herstellen nach der direkten Methode

Die Maßlösung wird durch Einwiegen einer Substanz hoher Reinheit (Urtitersubstanz) und Lösung zum beabsichtigten Volumen hergestellt.

Herstellen nach der indirekten Methode

Kann man den Gehalt der Maßlösung beim Herstellen nur näherungsweise erreichen, weil z.B. die Ausgangssubstanz nicht genügend genau abgemessen werden kann oder weil sie nicht genügend rein vorliegt, wird eine angenäherte Substanzmenge eingewogen und zum beabsichtigten Volumen gelöst. Die Lösung muß später eingestellt werden.

3.2.3.2 Einstellen von Maßlösungen

„Einstellen" bedeutet, eine Maßlösung mit einem nur ungefähren Gehalt herzustellen und danach ihren genauen Gehalt zu messen.

---

[1] Im Arzneibuch sind folgende Urtitersubstanzen aufgeführt: Arsen(III)oxid, Benzoesäure, Bleinitrat, Kaliumbromat, Kaliumhydrogenphthalat, Natriumcarbonat, Natriumchlorid, Sulfanilsäure, Zink. Es werden Reinigungsverfahren für diese Stoffe beschrieben.

[2] Zum Herstellen der Lösung wird nach dem Arzneibuch Wasser *verwendet, das der Monographie Gereinigtes Wasser entspricht. Verdünntere*, als die im Arzneibuch VII.2.2 enthaltenen *Maßlösungen*, gewöhnlich also 0,01 N-Lösungen, *werden mit kohlendioxidfreiem Wasser R verdünnt.* Solche Lösungen müssen nach dem Arzneibuch *bei Bedarf frisch hergestellt* werden.

Das Einstellen muß mit besonderer Sorgfalt vorgenommen werden, weil jeder dabei unterlaufene Fehler sich in allen mit dieser Lösung bestimmten Proben wiederfindet. Will man sich diese Mühen ersparen, kann man Ampullen kaufen, die nur zu einem Liter Lösung verdünnt zu werden brauchen, um eine Maßlösung genauen Gehalts zu ergeben.

Einstellen nach der direkten Methode

Der genaue Gehalt der Maßlösung wird ermittelt, indem man eine geeignete Urtitersubstanz vorlegt und mit der Maßlösung umsetzt. Weil die Menge der Urtitersubstanz genau bekannt ist, kann man aus dem Verbrauch der Maßlösung ihren genauen Gehalt berechnen. Ein Beispiel:

Eine 0,1 N-Salzsäurelösung ist gegen Kaliumhydrogencarbonat einzustellen. Mit n(eq) als Äquivalentstoffmenge, c(eq) als Äquivalentkonzentration und dem Lösungsvolumen V gilt

$$n(\mathrm{eq})(\mathrm{HCl}) = c(\mathrm{eq})(\mathrm{HCl}) \cdot V(\mathrm{HCl}).$$

Gesucht wird c(eq)(HCl).

$$c(\mathrm{eq})(\mathrm{HCl}) = \frac{n(\mathrm{eq})(\mathrm{HCl})}{V(\mathrm{HCl})}$$

Für eine Neutralisationsreaktion ist außerdem

$$\mathrm{n(eq)(HCl) = n(eq)(KHCO_3)}.$$

Damit ist

$$c(\mathrm{eq})(\mathrm{HCl}) = \frac{n(\mathrm{eq})(\mathrm{HCl})}{V(\mathrm{HCl})} = \frac{z \cdot m(\mathrm{KHCO_3})}{M(\mathrm{KHCO_3}) \cdot V(\mathrm{HCl})}.$$

Einstellen mit einer Maßlösung nach der indirekten Methode

Eine etwa 0,1 N-Salzsäurelösung ist gegen eine 0,1 N-Natronlaugelösung einzustellen.

$$c(\mathrm{eq})(\mathrm{HCl}) = c(\mathrm{eq})(\mathrm{NaOH}) \frac{V(\mathrm{NaOH})}{V(\mathrm{HCl})}$$

Hat man z.B. für V(NaOH) = 10 ml ein Volumen V(HCl) = 9,85 ml verbraucht, ist

$$c(\mathrm{eq})(\mathrm{HCl}) = 0{,}1 \cdot 10/9{,}85 = 0{,}1 \cdot 1{,}0152 = 0{,}10152\ \mathrm{mol/l}$$ (s. Kap. 2.2.6).

Man sagt,

- die eingestellte Lösung ist 0,10152 N oder
- die eingestellte Lösung ist etwa 0,1 N und hat den Normalfaktor f = 1,0152.

Schließlich kann man die Lösung nach

$$V(\mathrm{HCl}) = V(\mathrm{NaOH})\frac{c(\mathrm{eq})(\mathrm{HCl})}{c(\mathrm{eq})(\mathrm{NaOH})}$$

$$= 1\ \mathrm{l} \cdot 0{,}10152/0{,}1 = 1{,}0152\ \mathrm{l}$$

mit 0,0152 l = 15,2 ml Wasser verdünnen.

Soll eine 0,1 N-Lösung hergestellt werden, deren tatsächliche Konzentration c_{ist} = 0,1023 mol/l beträgt, ist *f* = 0,10233/0,1 = 1,023.

Hat z.B. eine 0,1 N-Salzsäuremaßlösung den Faktor 1,006, ist sie etwas stärker als eine genaue 0,1 N-Lösung: 1 ml dieser Säure entspricht 1,006 ml einer genauen 0,1 N-Lösung. Man könnte auch sagen, die Lösung mit dem ungefähren Gehalt 0,1 N sei genau 0,1006 N.

Es ist eine Sache der Gewohnheit, ob man bei maßanalytischen Berechnungen die Mengen m aus der beabsichtigten Sollkonzentration *c*(eq) und ihrer Abweichung[1], dem Normalfaktor *f*, berechnet, oder aus der Istkonzentration und dem Produkt *c*(eq) · *f*. Für einen Verbrauch von *V* = 5,67 ml je ein Beispiel:

$$m(x) = \frac{c(\mathrm{eq}) \cdot f \cdot V}{z} = \frac{0{,}1 \cdot 1{,}006 \cdot 5{,}67}{z}$$

$$m(x) = \frac{f \cdot V}{z} = \frac{0{,}1006 \cdot 5{,}67}{z}$$

Dabei ist es auch gleichgültig, ob man Stoffmengenkonzentrationen oder z.B. Massenkonzentrationen zum Normalfaktor oder Titer verrechnet.

Für genaue Bestimmungen spielt es dagegen eine Rolle, ob man die Äquivalentmasse unkorrigiert übernimmt oder den beim späteren Abwiegen wirksamen Luftauftrieb berücksichtigt hat. Die Äquivalentmasse von NaCl beträgt z.B. 58,444 g/mol. Dieses Äquivalent wiegt aber in Luft 2,4 mg weniger. Man muß also für 1 l einer 0,1 N-NaCl-Lösung nicht 5,8443 sondern 5,8419 g abwiegen.

Dichte-Temperatur-Abhängigkeit von Maßlösungen

Maßlösungen werden volumetrisch abgemessen. Um eine ähnliche Genauigkeit wie bei einer Wägung zu erreichen, sollten Änderungen der Dichte mit der Temperatur beachtet werden. Für Wasser und Maßlösungen, die 0,1 N und geringer konzentriert sind, und für eine Reihe anderer gebräuchlicher Maßlösungen gibt es Korrekturtabellen. Tab. 3-1 zeigt einen Auszug:

---

[1] Das Arzneibuch läßt für Maßlösungen eine Abweichung von ± 10 % zu, d.h. ihr Normalfaktor darf zwischen 1,10 und 0,90 schwanken. Die Molarität und Normalität müssen mit einer Genauigkeit von 0,2 % bestimmt werden.

Tabelle 3-1 Temperaturabhängigkeit des Volumens[1]

Temperatur [°C]	Zu 1 l Lösung zu addierende Anzahl [ml]	Temperatur [°C]	Zu 1 l Lösung zu addierende Anzahl [ml]
15	+0,76	23	–0,59
16	+0,63	24	–0,80
17	+0,49	25	–1,03
18	+0,34	26	–1,26
19	+0,17	27	–1,51
20	0,00	28	–1,76
21	–0,19	29	–1,99
22	–0,38	30	–2,30

Tab. 3-2 zeigt eine Auswahl von Maßlösungen:

Tabelle 3-2 Gebräuchliche Maßlösungen

Stärke	Lösung	einzustellen mit
0,1 N	Ammoniumcer(IV)-sulfat-Lösung	Arsentrioxid
0,1 N	Iod-Lösung	Arsentrioxid
0,1 N	Kaliumpermanganat-Lösung	0,1 N-Natriumthiosulfat-Lösung
0,1 N	Natriumedetat-Lösung	Zink
0,1 N	Natriumhydroxid-Lösung	0,1 N-Salzsäure-Lösung
0,1 N	Natriumthiosulfat-Lösung	0,2 N-Kaliumbromat-Lösung
0,1 N	Perchlorsäure	Kaliumhydrogenphthalat
0,1 N	Salzsäure	Natriumcarbonat
0,1 N	Silbernitratlösung	Natriumchlorid
0,1 N	Tetrabutylammoniumhydroxid-Lösung	Benzoesäure
0,1 N	Tetrabutylammoniumhydroxid-Lösung in Isopropanol	(aus 0,1 N-Tetrabutyl-ammoniumhydroxid-Lösung)
0,05 M	Zinkchlorid-Lösung	Natriumedetat-Lösung
0,1 M	Zinksulfat-Lösung	Natriumedetat-Lösung

[1] Das Arzneibuch nennt unter VII.1.1 am Schluß der Reagenzienliste eine Tabelle *Änderung der relativen Dichte je Grad Celsius*, die aber für Maßlösungen kaum in Frage kommt.

3.3 Neutralisationsanalyse

3.3.1 Theorie

Der Begriff *Säure* ist bereits seit Jahrhunderten im Gebrauch und wurde zuerst auf saure Pflanzensäfte angewandt. Die wichtigsten Mineralsäuren sind seit dem Jahr 1200 bekannt. Als erster benutzte TACHENIUS 1666 die Begriffe Säure und Base. Bis zum 17. Jahrhundert wurden die Säuren allein durch ihren sauren Geschmack und ihre Wasserlöslichkeit charakterisiert. BOYLE (1627–1691) definierte eine Säure so: *Sie braust Kreide auf, rötet gewisse Pflanzenfarbstoffe und wird durch eine Base neutralisiert.* Eine Säure ist daher eine Antibase. LÉMERY (1645–1715) meinte, kleinste Teilchen von Säuren hätten eine spitze Gestalt und Basen seien poröse Molekeln. DAVY dachte 1814, eine bestimmte Anordnung eines Moleküls bedinge die saure Eigenschaft. Dies fand viel später (1925) durch LEWIS, der eine Elektronenlücke postulierte, seine konkrete Bestätigung.

Von LAVOISIER (1743–1794) stammt die Überzeugung, Säuren enthielten Sauerstoff, LIEBIG (1838) sagte, Säuren enthalten durch Metalle ersetzbaren Wasserstoff. Durch ARRHENIUS wurde 1884 das Wasserstoffion („Proton" ist eine Schöpfung von RUTHERFORD) zum alleinigen Träger der Eigenschaft „sauer", das Hydroxidion zum Träger der Eigenschaft „basisch". Die Vorstellungen von ARRHENIUS beschränken den Säure-Base-Begriff damit auf Wasser. SØRENSEN führte 1909 den Begriff des pH-Werts ein. Die weitere Entwicklung geht auf BRØNSTED (1923) zurück: Säuren sind *Protonendonatoren*, wobei die sog. korrespondierende Base zurückbleibt, Basen sind dann *Protonenakzeptoren*. Ampholyte sind Stoffe, die Protonen sowohl abgeben als auch aufnehmen können. Noch allgemeiner ist die Definition von LEWIS (1923), nach der der Begriff Säure vom Proton unabhängig ist. Danach ist eine Säure ein Elektronen*paarakzeptor*, eine Base ein Elektronen*paardonator*. Damit sind auch BX_3 und AlX_3 Säuren. Das HASAB-Konzept (*h*ard *a*nd *s*oft *a*cids and *b*ases) von PEARSON (1963) spielt für die Pharmazie keine besondere Rolle. Er ist auch in der Chemie wegen der verwendeten Begriffe „hart" und „weich" Kritik ausgesetzt. Im folgenden soll der heutige Stand der Theorie erläutert werden.

3.3.1.1 Wasser, das besondere Lösemittel

Die beiden Wasserstoffatome bilden im Wassermolekül miteinander einen Winkel von 105°. Durch die unterschiedlichen Elektronegativitäten des Sauerstoffs und Wasserstoffs sind die H–O-Bindungen polarisiert, d.h. das bindende Elektronenpaar ist zum Sauerstoff hin verschoben. Der Winkel und die Polarisation bewirken, daß das Wassermolekül einen permanenten Dipol bildet.

Sehr viele Eigenschaften des Wassers heben es aus der Gruppe der Wasserstoffverbindungen mit den dem Sauerstoff benachbarten Elementen heraus. Hier nur eine kleine Auswahl:

Alle Wasserstoffverbindungen der Nichtmetalle sind gasförmig, Wasser ist flüssig. Es hätte einen Schmelzpunkt von –100 °C und einen Siedepunkt von –80 °C, wenn man die Wasserstoffverbindungen der Nachbarelemente des Sauerstoffs betrachtet: CH_4, Schmelzpunkt –182,5 °C; NH_3, Schmelzpunkt –77,8 °C; HF, Schmelzpunkt –83,1 °C. Wasser zieht sich beim Gefrieren nicht zusammen wie fast alle anderen Flüssigkeiten. Deswegen schwimmt Eis auf Wasser und frieren Gewässer nicht bis auf den Grund zu. Flüssiges Wasser läßt sich bis –20 °C unterkühlen. Im überkritischen[1] Zustand löst es manche normalerweise nicht wasserlöslichen Stoffe, was für Extraktionszwecke genutzt wird. Die Dipoleigenschaften begründen auch das Lösevermögen für polare Stoffe, das Bilden von Komplexen, die Existenz von Wasserstoffbrücken. Diese sind die Basis unserer Erbanlagen und bedingen die besondere Struktur flüssigen Wassers in einer übergeordneten Struktur, den sog. Clustern. Manche Verbindungen können, in Wasser gelöst, diese Ordnung stören.

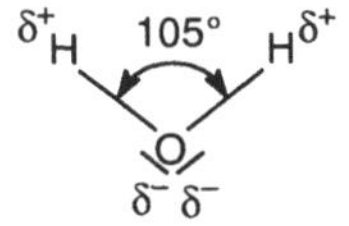

$^{\delta+}$H 105° H$^{\delta+}$

O

δ^- δ^-

Bild 3-1 Das Wassermolekül

Stoffe, die aufgrund ihres atomaren Aufbaus ein permanentes elektrisches Dipolmoment besitzen, nennt man paraelektrisch. Im elektrischen Feld richten sich die permanenten elektrischen Dipolmomente in Feldrichtung aus, was man Orientierungspolarisation nennt. Die Dielektrizitätskonstante hat dann Werte zwischen etwa 10 und 100.

Dielektrische Stoffe zeigen im Gegensatz dazu keine permanent unterschiedlichen Ladungsschwerpunkte, sie besitzen kein permanentes elektrisches Dipolmoment. Im elektrischen Feld werden die Ladungsschwerpunkte aber etwas gegeneinander verschoben, was man Verschiebungspolarisation nennt. Die Dielektrizitätskonstante kann Werte zwischen etwa 1 und 10 annehmen.

Das Wasser umgibt jede elektrische Ladung mit einem Mantel ausgerichteter Moleküle. Da auch reines Wasser eine geringe elektrische Leitfähigkeit zeigt, müssen Ionen darin vorhanden sein, die diese hervorrufen. Sie bilden sich aus dem Wasser selbst:

$$H_2O + H_2O \rightleftharpoons H_3O^+ + OH^-$$

[1] Überkritisch nennt man den Zustand eines Stoffes, in dem er sich unter keinem noch so hohen Druck mehr flüssig halten läßt.

Diesen Vorgang nennt man Autoprotolyse. Freie Protonen[1] sind (in Wasser) nicht stabil, sie werden durch ein zweites Wassermolekül aufgenommen und dadurch stabilisiert. Das sog. Hydroniumion (H_3O^+) umgibt sich aufgrund seiner Ladung mit einem Hydratmantel. Es ist nun eine Säure, das OH^--Ion bildet die korrespondierende Base. Wird das Massenwirkungsgesetz auf die Autoprotolyse angewandt, muß man schreiben:[2]

$$K = \frac{a(H_3O^+) \cdot a(OH^-)}{a^2(H_2O)}$$

Da der Dissoziationsgrad des Wassers (s. Kap. 3.3.1.4) sehr klein ist, kann man $a(H_2O) = 1$ setzen. Das Ionenprodukt des Wassers $a(H_3O^+) \cdot a(OH^-)$ bezeichnet man mit K_W:

$$K_W = a(H_3O^+) \cdot a(OH^-)$$

Das Ionenprodukt des Wassers K_W ist temperaturabhängig und beträgt bei 25 °C genau 10^{-14}.

Tabelle 3-3 Die pH-Wert-Skala

$a(H_3O^+)$	10^{-1}	10^{-3}	10^{-5}	10^{-7}	10^{-9}	10^{-11}	10^{-13}
pH	1	3	5	7	9	11	13
	←	sauer	neutral	basisch	→		

Da reines Wasser elektrisch neutral[3] ist, muß $a(H_3O^+) = a(OH^-)$ sein. In sauren Lösungen überwiegt $a(H_3O^+)$, in basischen $a(OH^-)$. Um das Rechnen mit den kleinen Zahlen, die Konzentration an $c(H_3O^+) \cdot c(OH^-) = 10^{-14}$ mol/l, das sind etwa $37 \cdot 10^{-14}$ g, zu vereinfachen, definiert man den mit –1 multiplizierten dekadischen Logarithmus der Hydroniumionenaktivität $a(H_3O^+)$ als pH-Wert[4] :

$$pH = (-1) \log a(H_3O^+)$$

Wir können heute den pH-Wert von 0 bis 14, also über einen Bereich von 14 (!) Zehnerpotenzen messen. Diesen Bereich überstreicht man, wenn man die Entfernung Erde—Sonne in Millimetern mißt! Es gibt kaum ein Meßverfahren von ähnlicher Genauigkeit über einen derart großen Bereich.

---

[1] Protonenübertragungen gehören zu den schnellsten chemischen Reaktionen, die mit einer Reaktionszeit von $< 10^{-10}$ s die Grenze der noch als „chemisch" (Änderung von Bindungen und Strukturen) bezeichneten Prozesse darstellen.

[2] Während für die Dissoziationskonstante K_D gewöhnlich die Konzentrationen $c(x)$ eingesetzt wird, verwendet man für den pH-Wert, der hier abgeleitet werden soll, die Aktivität $a(x)$ (s. Kap. 2.1.7.).

[3] Elektrisch neutral bedeutet nur, daß eine gleiche Anzahl positiver wie negativer Ladungsträger vorhanden ist.

[4] Der pH-Wert wurde von SØRENSEN 1909 eingeführt. pH kann lat. *pondus* oder *potentia* hydrogenii bedeuten, vielleicht aber auch von franz. *puissance* stammen.

Obwohl die *Aktivität* der Hydroniumionen maßgeblich ist, spricht man oft fälschlich von der Hydroniumionen*konzentration* (s. Kap. 2.1.7.).

Das Ionenprodukt des Wassers wird als $(-1) \cdot \log K_W = pK_W$ geschrieben. Es ist temperaturabhängig (s. Tab. 3-4):

Tabelle 3-4 Temperaturabhängigkeit des Ionenprodukts des Wassers

°C	pK_W
0	14,944
25	13,997
50	13,262
100	12,290

Analog zum pH-Wert kann man den mit –1 multiplizierten dekadischen Logarithmus der Hydroxidionenaktivität als pOH-Wert bezeichnen:

$$pOH = (-1) \cdot \log a(OH^-).$$

Umgewandelt mit den Ausdrücken pH und pOH kann man schreiben

$$(-1) \cdot \log a(H_3O^+) + (-1) \cdot \log a(OH^-) = (-1) \cdot \log 10^{-14} = \log 1/10^{-14} = 14 \text{ oder}$$

$$pH + pOH = 14.$$

Für jede beliebige Hydroniumionenaktivität kann man also die dazugehörige Hydroxidionenaktivität berechnen und umgekehrt. In reinem Wasser und neutral reagierenden Lösungen beträgt die Hydronium- und Hydroxidionenaktivität jeweils 10^{-7} mol/l, d.h. in 10 Millionen Litern Wasser (= 10.000 t) sind 1 mol Hydroniumionen (H_3O^+) (≈ 19 g) und 1 mol Hydroxidionen (≈ 17 g) enthalten.

Um alle Rechnungen zu vereinfachen, benutzt man oft nur die Hydroniumionenaktivität: Eine alkalische Lösung mit pOH = 4 besitzt einen pH-Wert von 14 – pOH = 10.

Saure Lösungen haben einen pH-Wert < 7, für basische ist der pH-Wert > 7.

Von 0 < pH < 14 reicht die normale, konventionelle pH-Wert-Skala, darüber und darunter stehen die pH-Werte nicht mehr in linearer Beziehung zur H_3O^+- bzw. OH^--Aktivität. Die konventionelle pH-Wert-Skala ist durch eine Anzahl von Standardlösungen[1] mit genau zugeteilten pH-Werten definiert.

3.3.1.2 *Dissoziation des Wassers*

Wie bisher festgestellt, kann Wasser als Säure wie als Base fungieren. Stoffe dieser Art nennt man *Ampholyte.* Allgemein kann ein Stoff nur dann als Säure reagieren, wenn das abgegebene Proton von einer Base aufgenommen werden kann. Gibt ein Stoff Protonen ab, dissoziiert also z.B. eine Säure, stellt das Anion die zur Säure *korrespondierende*

[1] Standard-Puffer-Lösungen, z.B. nach dem Arzneibuch und nach DIN 19 266

Base dar. Daß dies auch mit anderen Stoffen als Wasser möglich ist, zeigt das Beispiel des für die Analytik wichtigen Systems Perchlorsäure in Essigsäure (HAc) (s. Kap. 3.3.1.15):

$$H^+ \, ClO_4^- + CH_3{-}C(=O)OH \rightleftharpoons ClO_4^- + CH_3{-}C(OH)_2^+$$

3.3.1.3 Die Säure- und Basenkonstante

Allgemein reagiert eine Säure HA mit Wasser nach

$$HA + H_2O \rightleftharpoons H_3O^+ + A^-,$$

eine Base B nach

$$B + H_2O \rightleftharpoons BH^+ + OH^-.$$

Die Protolyse soll nun am Beispiel der Säure HA bzw. der Base B quantitativ betrachtet werden. Das Massenwirkungsgesetz wird auf die Protolyse der Säure angewandt:

$$K_s = \frac{a(H_3O^+) \cdot a(A^-)}{a(HA)}$$

Für eine schwache Base B gilt entsprechend:

$$K_b = \frac{a(HB^+) \cdot a(OH^-)}{a(B)}$$

K_s nennt man *Säure-* oder *Aciditätskonstante,* K_b Basizitätskonstante. Da beide gewöhnlich sehr klein sind, verwendet man entsprechend dem pH-Wert ihren mit (–1) multiplizierten dekadischen Logarithmus, der pK_s- bzw. pK_b-Wert heißt. Beispiel Essigsäure:

$$K_S = 1{,}7 \cdot 10^{-5}; \; pK_s = 4{,}76$$

Je kleiner der pK_s-Wert ist, desto stärker ist die Säure dissoziiert (s. Tab. 3-5).

Für Säure-Basen-Paare gilt für die Umrechnung von pK_b in pK_s das Gleiche wie bei Wasser für die Umrechnung von pOH in pH:

$$K_s \cdot K_b = K_w; \; pK_s + pK_b = pK_w.$$

Damit kann man Basenkonzentrationen auch als pK_s-Werte angeben:

$$pK_b = pK_w - pK_s$$

Tabelle 3-5 pK_s-Werte korrespondierender Säure-Base-Paare in Wasser

Säure-Base-Paar				pK_s-Wert
$HClO_4$	$\rightleftharpoons$	ClO_4^-	$+ H^+$	≈ -10
HI	$\rightleftharpoons$	I^-	$+ H^+$	≈ -10
HBr	$\rightleftharpoons$	Br^-	$+ H^+$	≈ -9
HCl	$\rightleftharpoons$	Cl^-	$+ H^+$	≈ -7
H_2SO_4	$\rightleftharpoons$	HSO_4^-	$+ H^+$	≈ -3
$HClO_3$	$\rightleftharpoons$	ClO_3^-	$+ H^+$	$-2{,}7$
HNO_3	$\rightleftharpoons$	NO_3^-	$+ H^+$	$-1{,}4$
H_3O^+	$\rightleftharpoons$	H_2O	$+ H^+$	± 0
$SO_2 + H_2O$	$\rightleftharpoons$	HSO_3^-	$+ H^+$	1,90
HSO_4^-	$\rightleftharpoons$	SO_4^{2-}	$+ H^+$	1,92
H_3PO_4	$\rightleftharpoons$	$H_2PO_4^-$	$+ H^+$	1,96
HF	$\rightleftharpoons$	F^-	$+ H^+$	3,14
HAc	$\rightleftharpoons$	Ac^-	$+ H^+$	4,75
$CO_2 + H_2O$	$\rightleftharpoons$	HCO_3^-	$+ H^+$	6,52
H_2S	$\rightleftharpoons$	HS^-	$+ H^+$	6,90
HSO_3^-	$\rightleftharpoons$	SO_3^{2-}	$+ H^+$	7,10
$H_2PO_4^-$	$\rightleftharpoons$	HPO_4^{2-}	$+ H^+$	7,12
$H_3BO_3 + H_2O$	$\rightleftharpoons$	$[B(OH)_4]^-$	$+ H^+$	9,24
NH_4^+	$\rightleftharpoons$	NH_3	$+ H^+$	9,25
HCN	$\rightleftharpoons$	CN^-	$+ H^+$	9,40
H_4SiO_4	$\rightleftharpoons$	$H_3SiO_4^-$	$+ H^+$	9,50
HCO_3^-	$\rightleftharpoons$	CO_3^{2-}	$+ H^+$	10,40
HPO_4^{2-}	$\rightleftharpoons$	PO_4^{3-}	$+ H^+$	12,32
H_2O	$\rightleftharpoons$	OH^-	$+ H^+$	14,00
NH_3	$\rightleftharpoons$	NH_2^-	$+ H^+$	≈ 23
OH^-	$\rightleftharpoons$	O^{2-}	$+ H^+$	≈ 29
H_2	$\rightleftharpoons$	H^-	$+ H^+$	≈ 39

Löst man Salzsäure in Wasser, tritt folgende Umsetzung ein:

$$HCl + H_2O \rightleftharpoons H_3O^+ + Cl^-$$

Mit Perchlorsäure tritt die analoge Reaktion ein:

$$HClO_4 + H_2O \rightleftharpoons H_3O^+ + Cl^-$$

In beiden Fällen ersetzt die schwächere Säure H_3O^+ (p$K_s \approx 0$) die stärkere Säure HCl (p$K_s = -7$) bzw. $HClO_4$ (p$K_s \approx -10$). Da die Dissoziation der Säuren vollständig ist, liegt mit H_3O^+ in beiden Fällen die gleiche Säure in Lösung vor, die stärkste in Wasser mögliche Säure. Diesen Effekt des Wassers nennt man nivellierenden Effekt eines Lösemittels. Verwendet man dagegen ein schwächer basisches (= stärker saures) Lösemittel, z.B. die wasserfreie Essigsäure HAc, tritt zwar formal die gleiche Reaktion ein:

$$HCl + HAc \rightleftharpoons Cl^- + AcH_2^+$$

$$HClO_4 + HAc^- + AcH_2^+.$$

Da Essigsäure aber weniger basisch als Wasser ist, nimmt sie gewissermaßen nur widerwillig das jeweilige Proton der Salz- bzw. Perchlorsäure auf. Die Konzentration an AcH_2^+, dem Acetacidiumion, ist im Falle der Perchlorsäure größer, das Gleichgewicht liegt hier stärker auf der rechten Seite. Damit kann das Lösemittel Essigsäure die Säurestärke der beiden Säuren Salz- und Perchlorsäure unterscheiden. Man sagt, dieses Lösemittel hat einen differenzierenden Effekt auf Säuren. Analoges gilt für Basen.

3.3.1.4 Dissoziationsgrad

Die Dissoziations*konstante* K_D (s. voriges Kapitel) ist ein Maß für die Stärke eines Elektrolyten. Für das Molekül A^+B^- lautet sie:

$$K_D = \frac{c(A^+) \cdot c(B^-)}{c(AB)}$$

Elektrolyte mit $K_D < 10^{-4}$ nennt man schwache, solche mit $K_D > 10^{-4}$ mittelstarke Elektrolyte. Starke Elektrolyte sind vollständig dissoziiert. Zwischen der Dissoziationskonstante K_D und dem Dissoziationsgrad α besteht folgender (kleiner) Unterschied: Die Dissoziationskonstante bezieht die Anzahl dissoziierter Moleküle auf die Anzahl *undissoziierter* Moleküle, der Dissoziationsgrad bezieht sie auf die *Gesamtzahl* der Moleküle (c_0 = Gesamtkonzentration).

Der Dissoziationsgrad α ist der dissoziierte Anteil, bezogen auf die Gesamtkonzentration c_0 ($c(AB) \neq c_0$!):

$$\alpha = c(A^+)/c_0$$

Die Beziehung

$$K_D = \frac{\alpha^2}{1-\alpha} \cdot c_0$$

nennt man das Ostwaldsche Verdünnungsgesetz[1]. Aus ihm kann man erkennen, daß der Dissoziationsgrad α nicht nur von der Dissoziationskonstante K_D, sondern, wichtiger noch, von der Gesamtkonzentration des Stoffes c_0 abhängt. Nimmt die Konzentration ab, die Verdünnung also zu, steigt der Dissoziationsgrad.

Nach α aufgelöst, erhält man die für jeden Fall gültige Formel zu seiner Berechnung:

$$\alpha = \frac{K_D}{2c_0} \cdot \sqrt{1 + \frac{4c_0}{K_D}} - 1.$$

---

[1] Seine Herleitung aus dem Massenwirkungsgesetz steht im Anhang, S. 146.

Für schwache Säuren/Basen kann man die Formel für das Ostwaldsche Verdünnungsgesetz vereinfachen, denn es ist $c_0 >> K_D$ und $\alpha << 1$ und damit $c_0 = c(AB)$:

$$K_D \cdot c_0 = \alpha^2$$

Für eine schwache Säure ist

$$\alpha \approx \sqrt{\frac{K_D}{c_0}}.$$

Ein Beispiel für die Abhängigkeit des Dissoziationsgrades von der Verdünnung:

Für eine 0,1 M-Essigsäure ist $\alpha = \sqrt{(1{,}73 \cdot 10^{-5} / 10^{-1})} = 1{,}3\%$,

für eine 10^{-3} M-Essigsäure ist $\alpha = \sqrt{(1{,}73 \cdot 10^{-5} / 10^{-3})} = 13{,}1\%$,

für eine 10^{-4} M-Essigsäure ist $\alpha = \sqrt{(1{,}73 \cdot 10^{-5} / 10^{-4})} = 42{,}2\%$.

Der Dissoziationsgrad steigt also mit der Verdünnung (und der Temperatur). Er fällt, wenn eine weitere Ionensorte zugegeben wird. Er hängt zusätzlich vom pH-Wert ab.

3.3.1.5 pH-Wert-Berechnungen

Starke Protolyte

Starke Protolyte sind vollständig dissoziiert. Daher ist ihre Hydroniumionenaktivität gleich ihrer Gesamtkonzentration c_0. Logarithmiert und mit –1 multipliziert erhält man eine einfache Gleichung:

$$a(H_3O^+) = c_0.$$

$$pH = (-1) \cdot \log a_0$$

Entsprechend gilt für Basen

$$a(OH^-) = c_0;\ pOH = (-1) \cdot \log a_0.$$

Schwache Protolyte

Schwache Säuren und Basen sind nur teilweise dissoziiert. Ihr pH-Wert hängt nicht nur von der Säure- oder Basenkonzentration c_s bzw. c_b, sondern auch von der Säurekonstante K_s bzw. der Basenkonstante K_b ab. Die Herleitung des pH-Wertes steht im Anhang.

$$pH = 1/2 \cdot (pK_s - \log c_s) = 1/2\, pK_s - 1/2 \log c_s.$$

Ein Beispiel:

Die Säurekonstante K_s einer schwachen Säure sei $K_s = 10^{-6}$ M, die Säurekonzentration sei $c_s = 0{,}1$ M; wie groß ist der pH-Wert?

$$pH = 1/2 \cdot (6 - \log 10^{-1}) = 3{,}5.$$

Bei Basen ist

$$pOH = 1/2 \cdot (pK_b - \log c_b) = 1/2\ pK_b - 1/2 \log c_b$$

oder

$$pH = pK_w - 1/2 \cdot (pK_b - \log c_b) = pK_w - 1/2\ pK_b + 1/2 \log c_b.$$

Will man den pK_s-Wert einsetzen, formt man mit $pK_b = pK_w - pK_s$ um:

$$pH = pK_w - 1/2 \cdot (pK_w - pK_s - \log c_b)$$

$$pH = 1/2\ pK_w + 1/2\ pK_s + 1/2 \log c_b$$

$$pH = 1/2 \cdot (pK_w + pK_s + \log c_b)$$

Die Berechnung des pH-Werts von Salzen einer starken Säure und einer schwachen Base, z.B. von Ammoniumchlorid ($pK_s = 9{,}2$), entspricht der Berechnung des pH-Werts schwacher Säuren.

Zwei Beispiele:

Gegeben sei eine 0,01 M-Ammoniumchlorid-Lösung, gesucht ihr pH-Wert:

$$pH = 1/2\ 9{,}2 - 1/2 \log 0{,}01 = 5{,}6.$$

Analog betrachten wir eine Natriumcarbonatlösung, die Lösung eines Salzes einer starken Base mit einer schwachen Säure. Die Lösung enthält 0,1 M-Natriumcarbonat, der pKs-Wert für das Gleichgewicht $HCO_3^- \rightleftharpoons CO_3^{2-}$ ist 10,4. Dann ist der pH-Wert dieser Lösung

$$pH = 1/2 \cdot (pK_w + pK_s + \log c_b) = 1/2 \cdot (14 + 10{,}4 + \log 0{,}1) = 11{,}7.$$

Der pH-Wert von Salzen schwacher Säuren mit schwachen Basen ist unabhängig von der Salzkonzentration. Man kann ihn näherungsweise errechnen als Mittelwert der Säurekonstante der reagierenden Säure pK_{s1} und der entstehenden Säure pK_{s2}.

Ammoniumacetat bildet das Gleichgewicht $NH_4^+ \rightleftharpoons NH_3$. $pK_{s1} = 9{,}21$; für Essigsäure HAc ist $HAc \rightleftharpoons Ac^-$; $pK_{s2} = 4{,}75$. Der pH-Wert einer Lösung dieses Salzes ist

$$pH = 1/2\ (pK_{s1} + pK_{s2}) = 6{,}98.$$

3.3.1.6 Titrationskurven

Titration einer starken Säure mit einer starken Base

Stellen wir den pH-Wert-Verlauf bei einer acidimetrischen/alkalimetrischen Titration gegen die zugesetzten Milliliter Base bzw. Säure (Titrator) dar, erhalten wir eine Kurve gemäß Bild 3-2. Um die Darstellung für die umgesetzte Menge zu verallgemeinern, trägt man auf der Abszisse den Neutralisationsgrad in c[%] oder gleichbedeutend den Titrationsgrad τ auf:

τ = zugesetzte Titratormenge/zur Neutralisation notwendige Titratormenge

Sind gerade 50% titriert, erreichen wir bei $\tau = 0{,}5$ den Halbneutralisationswert, den Pufferpunkt. Beim Äquivalenzpunkt $\tau = 1$ ist die gesamte Menge neutralisiert. Setzen wir die Titration fort, erreichen wir auch noch bei $\tau = 1{,}5$ und bei $\tau = 2$ die doppelte Titratormenge.

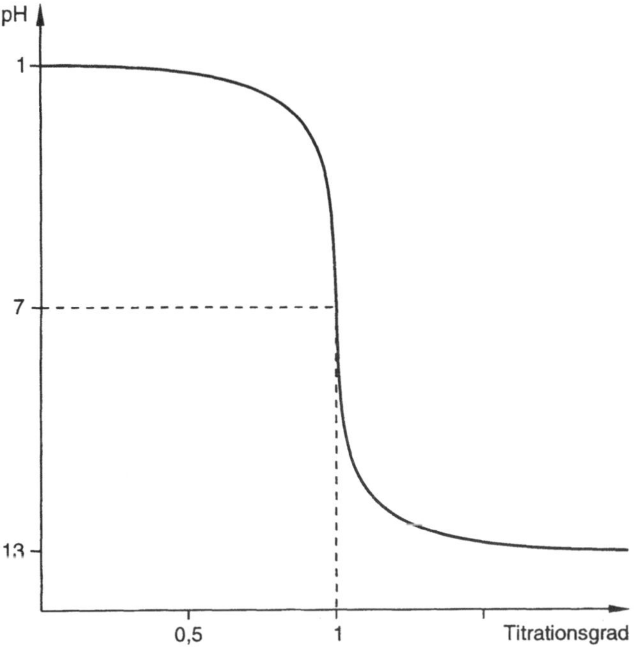

Bild 3-2 Titrationskurve einer starken 0,1 M-Säure mit einer starken 0,1 M-Base

Der Äquivalenzpunkt bei $\tau = 1$ bezeichnet die Stelle, an der die Säure/Base genau neutralisiert ist, an der eine äquimolare Menge zugesetzt ist. Wenn man Wasser verwendet, aus dem das CO_2 nicht vorher entfernt wurde, liegt der pH-Wert am Äquivalenzpunkt nicht genau bei 7, weil das kohlendioxidgesättigte Wasser einen pH-Wert von 5,7 hat.

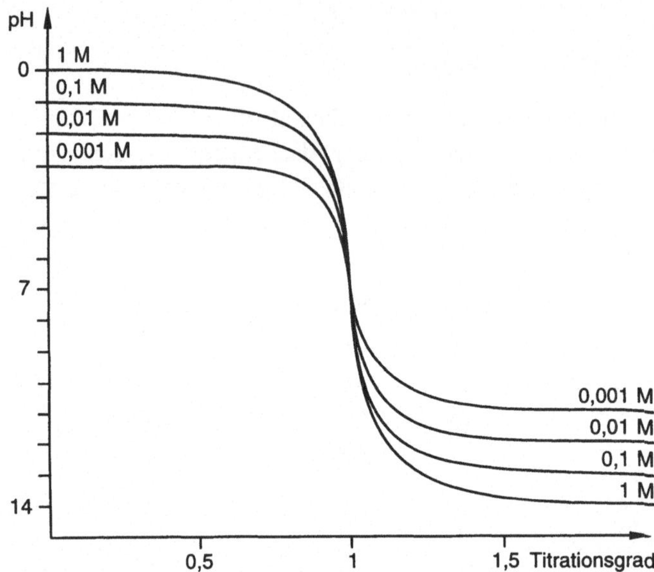

Bild 3-3 Titrationskurve einer starken Säure mit einer starken Base für verschiedene Konzentrationen

Wie man aus Bild 3-3 sieht, ist der pH-Wert-Sprung am Äquivalenzpunkt sehr steil. Das ist für die Erkennung des Äquivalenzpunktes vorteilhaft. Titriert man mit verdünnterer Säure/Base, vermindert sich die Sprunghöhe.

Titration einer schwachen Säure mit einer starken Base

Für die Titration einer schwachen Säure mit einer starken Base kann man wichtige pH-Werte berechnen. Der pH-Wert zu Beginn ist:

$$\mathrm{pH} = 1/2\,(\mathrm{p}K_\mathrm{s} - \log c_\mathrm{s})$$

Zum Beispiel errechnet man für eine Titration von 0,1 M-Essigsäure ($\mathrm{p}K_\mathrm{s} = 4{,}76$):

$$\mathrm{pH}_\mathrm{Beginn} = 1/2 \cdot (4{,}76 - \log 10^{-1}) = 2{,}88$$

Der pH-Wert am Halbneutralisationspunkt, also bei $\tau = 0{,}5$, erfordert die HENDERSON-HASSELBALCH-Gleichung, die im Anhang, S. 149, hergeleitet wird.

$$\mathrm{pH} = \mathrm{p}K_s + \log \frac{c_b}{c_s}$$

c_S = Konzentration der vorgelegten Säure
c_b = Konzentration der entstehenden Base

Titriert man also eine schwache Säure mit einer starken Base genau bis $\tau = 0{,}5$, ist der gemessene pH-Wert gleich dem pK_s-Wert der Säure. Auf diese Weise kann man also pK_s-Werte bestimmen.

Die Gleichung $pH = pK_s + \log c_b/c_s$ ist gleichbedeutend mit

$$pH = pK_s + \log \frac{c(\text{Salz})}{c(\text{Säure})} \; .$$

Diese Gleichung hat vor allem für die Berechnung von pH-Werten in Pufferlösungen Bedeutung und heißt HENDERSON-HASSELBALCH-Gleichung.

Für Basen lautet sie analog:

$$pH = pK_S + \log \frac{c(\text{Base})}{c(\text{Salz})}$$

Für $c_s = c_b$, d.h. am Pufferpunkt bei $\tau = 0{,}5$, ist

$$pH = pK_s \, .$$

Der pH-Wert am Äquivalenzpunkt liegt nun nicht mehr bei 7. Titriert man Essigsäure HAc mit Natronlauge, liegt am Äquivalenzpunkt die ganze Essigsäure als Natriumsalz vor, welches mit Wasser protolysiert:

$$Na^+ + Ac^- + H_2O \rightleftharpoons HAc + Na^+ + OH^-$$

Der pH-Wert am Äquivalenzpunkt läßt sich berechnen nach

$$pH = 1/2\ (pK_w + pK_s + \log c_b) \, .$$

c_b ist die Basenkonzentration am Äquivalenzpunkt = Ausgangskonzentration vorgelegter Säure = Konzentration gebildeten Salzes.

Für das Beispiel Titration von 0,1 M-Essigsäure ($pK_s = 4{,}76$) mit einer starken Base ist der pH-Wert am Äquivalenzpunkt

$$pH = 1/2 \cdot (pK_w + pK_s + \log c_b) = 1/2\ (14 + 4{,}76 + (-1)) = 8{,}88.$$

Bei einer einwertigen Säure ist c_b gleichzeitig die Ausgangskonzentration.

Analog gilt für den pH-Wert am Äquivalenzpunkt bei Titration einer schwache Base mit einer starken Säure

$$pH = 1/2 \cdot (pK_w - pK_b - \log c_s) \text{ oder mit } pK_b = pK_w - pK_s\text{:}$$

$$pH = 1/2 \cdot (pK_s - \log c_s).$$

c_s ist die Säurekonzentration am Äquivalenzpunkt.

Hier nun einige Beispiele für Titrationskurven:

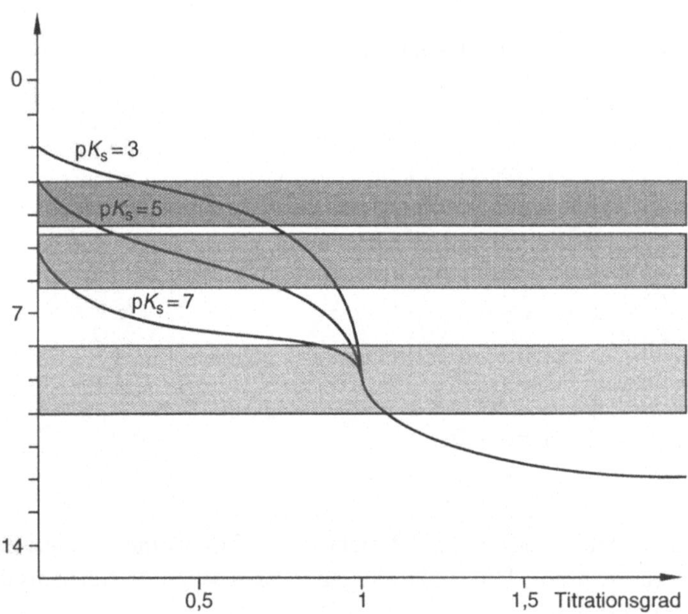

Bild 3-4 Titrationskurven verschiedener Säuren mit pK_s-Werten von –3 bis 9 und die Umschlagsbereiche einiger Indikatoren

Titration mehrwertiger Säuren und Basen

Mehrwertige Säuren und Basen haben mehrere pK_s-Werte, z.B. pK_{s1}, pK_{s2} usw. Ihre Pufferpunkte liegen bei $\tau = 1{,}5$; $\tau = 2{,}5$ usw. Die pH-Werte werden nach folgenden Gleichungen berechnet:

pH_{Beginn} $(\tau = 0)$ $= (-1) \log c_s$

$pH_{Äquivalenzpunkt\ 1}$ $(\tau = 1)$ $= 1/2\ (pK_{s1} + pK_{s2})$

$pH_{Pufferpunkt}$ $(\tau = 1{,}5) = pK_{s2}$

$pH_{Äquivalenzpunkt\ 2}$ $(\tau = 2)$ $= 1/2\ (pK_{s2} + pK_{s3})$

Beispiel Phosphorsäure: $pK_{s1} = 1{,}96$; $pK_{s2} = 7{,}21$; $pK_{s3} = 12{,}32$;

$pH_{Äquivalenzpunkt\ 1} = 4{,}59$; $pH_{Äquivalenzpunkt\ 2} = 9{,}77$.

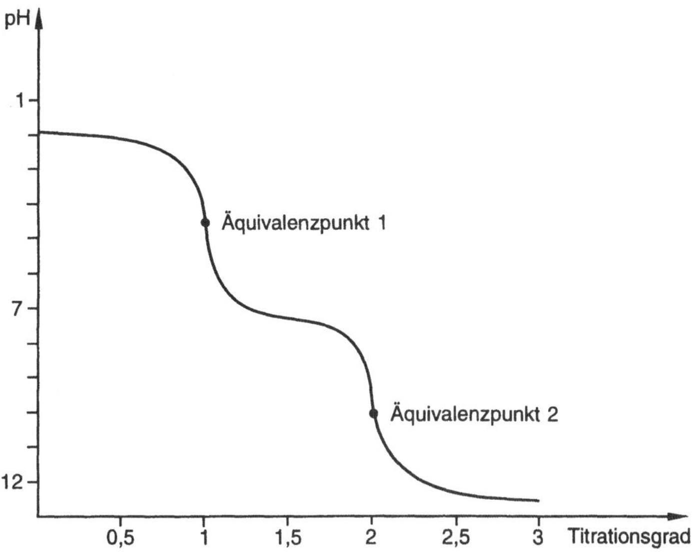

Bild 3-5 Dargestellt ist der pH-Wert der Titrationskurve gegen den Titrationsgrad τ am Beispiel einer 0,1 M-Phosphorsäure mit $pK_{s1} = 1{,}96$; $pK_{s2} = 7{,}21$; $pK_{s3} = 12{,}32$

Zusammenstellung der Formeln zur pH-Wert-Berechnung

1. Starke Protolyte

$$\mathrm{pH} = (-1) \cdot \log c_s \tag{1}$$

$$\mathrm{pOH} = (-1) \cdot \log c_b \tag{2}$$

c_s, c_b = Protolytkonzentration; $\mathrm{pH} + \mathrm{pOH} = pK_w$

2. Schwache Protolyte

Korrekter Ansatz:

$$\mathrm{pH} = -\frac{K_s}{2} + \sqrt{\frac{K_s^{\,2}}{4} + K_s \cdot c_s} \tag{3}$$

$$\mathrm{pOH} = -\frac{K_b}{2} + \sqrt{\frac{K_b^{\,2}}{4} + K_b \cdot c_b} \tag{4}$$

Angenäherter Ansatz:

$$\mathrm{pH} = 1/2 \cdot (pK_s - \log c_s) \tag{5}$$

$$\mathrm{pOH} = 1/2 \cdot (pK_b - \log c_b) \tag{6}$$

$$pH = 1/2 \cdot (pK_w + pK_s + \log c_b) \quad (7)$$

$$pH = pK_w - 1/2 \cdot (pK_b - \log c_b) \quad (8)$$

c_s = Anfangskonzentration der Säure
c_b = Anfangskonzentration der Base
K_s, pK_s = Säurekonstante
K_b, pK_b = Basenkonstante
pK_{s1} = pK_s der reagierenden Säure
pK_{s2} = pK_s der entstehenden Säure
$pK_s + pK_b = pK_w$

$$pH = 1/2 \cdot (pK_{s1} + pK_{s2}) \quad (9)$$

Mehrwertige Protolyte

$$pH_{\text{Äquivalenzpunkt}\, i} = 1/2 \cdot (pK_{si} + pK_{si+1}) \quad (10)$$

$$pH_{\text{Pufferpunkt}\, i} = pK_{si} \quad (11)$$

pK_{si} = pK_s-Wert der i-ten Dissoziationsstufe
$pH_{\text{Äquivalenzpunkt}\, i}$ = pH-Wert am i-ten Äquivalenzpunkt
$pH_{\text{Pufferpunkt}\, i}$ = pH-Wert am i-ten Pufferpunkt

Fehlermöglichkeiten

Die Größe des pH-Wert-Sprunges ist nicht nur von den pK_s- bzw. pK_b-Werten abhängig, sondern auch von der Gesamtkonzentration an Säure resp. Base. Titrieren führt zur Volumenzunahme und damit zu Fehlern. Verdünnte Lösungen und konzentrierte Maßlösungen vermindern diesen Volumenfehler. Schließlich vergrößert sich der pH-Wert-Sprung mit fallender Temperatur, weil die Dissoziationskonstante des Wassers dabei (wenn auch nur wenig) abnimmt.

3.3.1.7 Hägg-Diagramme

Aus einer Titrationskurve, die den pH-Wert (logarithmische Achse!) gegen den Titrationsgrad (lineare Achse) darstellt, lassen sich nur mühsam Daten wie pH-Werte während des Titrationsverlaufs und Konzentrationsverhältnisse der Säure (c_s) zur korrespondierenden Base (c_b) ableiten. Besser dazu geeignet ist ein *Hägg-Diagramm.*

Fassen wir das Ergebnis einer mathematischen Ableitung[1] zusammen: In einem doppelt logarithmischen Koordinatensystem wird der Konzentrationsverlauf der Säuren- und der Basenkonzentration gegen den pH-Wert aufgetragen. Die Abhängigkeit ergibt nach den Gleichungen (5) und (6) Hyperbeln, die asymptotisch zu Geraden auslaufen. Diese sind durch die Gleichungen (7), (9), (10) und (11) beschrieben.[1]

---

[1] im Anhang.

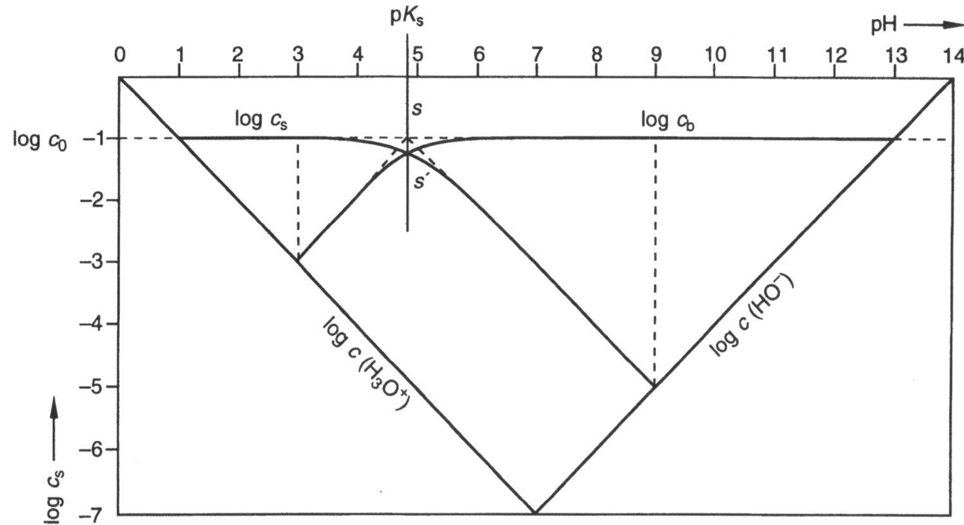

Bild 3-6 Konstruktion des Hägg-Diagrammes

Alle vier Geraden nach den o.g. vier Gleichungen schneiden sich in einem Punkt, der Systempunkt S heißt. Sein pH-Wert liegt bei pH = pK_s.

Für die bisherige Konstruktion war vorausgesetzt, daß K_s und $c(H_3O^+)$ sehr verschieden sind. Dies gilt in der Nähe des Systempunkts nicht! Am Systempunkt ist pH = pK_s, dies ist der Pufferpunkt der Titration, für den $\tau = 1/2$ und damit auch $c_s = c_b = c_0/2$ ist.

Logarithmieren dieser Gleichung führt zu

$$\log c_s = \log c_b = \log c_0 - \log 2 = \log c_0 - 0{,}30103.$$

Das bedeutet, die Säuren- wie die Basenkonzentration liegt am Pufferpunkt um 0,30103 · log c_0-Einheiten unter dem Systempunkt.

Zeichnen wir nun das vollständige Hägg-Diagramm nach folgender Zeichenanweisung:

Der pH-Wert wird auf der Abszisse und der Logarithmus der Konzentration c_0 auf der Ordinate aufgetragen. Es handelt sich daher um eine doppelt logarithmische Darstellung.

In diesem Koordinatensystem

- zeichnet man für eine 0,1 N-Säure eine Parallele zur pH-Wert-Achse bei log $c_0 = -1$;
- fällt man nun das Lot auf die pH-Wert-Achse bei pK_s (der Schnittpunkt beider Geraden heißt Systempunkt S);
- zeichnet man zwei Geraden der Steigung +1 und −1 durch S;
- verbindet man die pH-Wert-Parallele (= log c_s) für pH << 7 mit der Geraden der Steigung −1 zu einer Hyperbel und (log c_b) für pH >> 7 mit der Geraden der Steigung +1. Die Hyperbeln schneiden sich bei S′ etwa 0,3 log c-Einheiten unter S.

Man kann nun für jeden pH-Wert die Säure- und Basenkonzentrationen c_s und c_b und die Verhältnisse c_s/c_b, c_s/c_0 oder c_b/c_0 (z.B. die Titriergrade τ) ablesen. Der Kurventeil oberhalb des Dreiecks ist der Titrationsverlauf vom Anfangs- bis zum Endpunkt.

Die Geraden mit den Steigungen +1 und –1 beschreiben die Veränderung der Protonen- und Hydroxidionenkonzentration, also der stärksten Säure resp. Base, die in Wasser existieren kann. Daher kann sich eine wässrige Titration nur innerhalb dieses Dreiecks abspielen.

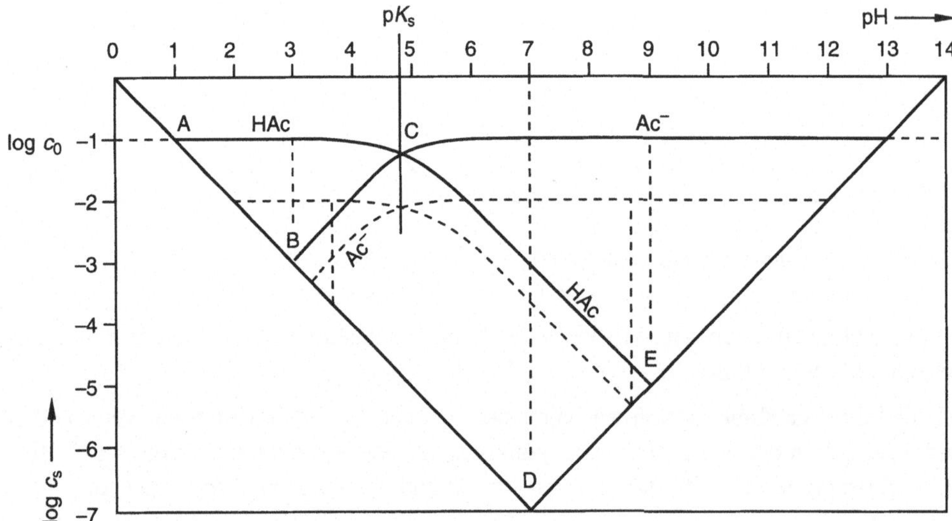

Bild 3-7 Hägg-Diagramm am Beispiel der Essigsäure
A = Anfangspunkt bei pH = 1
D = Neutralpunkt pH = 7
B, B′ = Anfangspunkt der Titration
C = Pufferpunkt, $c(HAc) = c(A^-)$, hier ist $c_s = c_b$
E, E′ = Endpunkt der Titration
F = Endpunkt bei pH = 13

Jeder Teil eines korrespondierenden Säure-Base-Paares bei einer Titration, z.B. HAc einerseits und Ac^- andererseits, kann als getrenntes System betrachtet werden. Beide stellen eigenständige Kurven dar. Ihre Schnittpunkte mit den H_3O^+ bzw. OH^--Geraden sind die Anfangs- (B) und Endpunkte (E) einer Titration. Aus den Diagrammen kann man auch den Protolysegrad eines korrespondierenden Säure-Base-Paares und damit die Titriergenauigkeit ablesen resp. ausrechnen.

Betrachten wir nochmals die charakteristischen Punkte im Hägg-Diagramm:

Punkt B, der Anfangspunkt einer Titration, ist durch das erste Auftreten der Base Ac^- gekennzeichnet. Hier beginnt auch die Dissoziation der Essigsäure. Wir lesen ab, daß bei B $c_0 = 10^{-1}$ und $c_b = 10^{-3}$ ist. Das ergibt einen Dissoziationsgrad von $\alpha = c(Ac^-)/c_0 =$

$10^{-3}/10^{-1}$ = 1%. Bei kleineren pH-Werten ist die Dissoziation noch geringer. Der Bereich von Punkt B bis zu Punkt A ist nur durch eine weitere starke Säure erreichbar, er gehört nicht zum Titrationsverlauf. Beim Endpunkt E beträgt gemäß Diagramm die Konzentration an HAc 10^{-5}, die an Ac^- 10^{-1}, der Anteil nicht erfaßter Essigsäure ist also $c(HAc)/c_0 = 10^{-5}/10^{-1}$ = 0,01%. Der Bereich bis F ist wie oben nicht durch die Titration erreichbar. Für eine 0,01 M-Essigsäure verschiebt man analog die Titrierkurven parallel um eine log c-Einheit nach unten und kann die Parameter für Titrationsbeginn und -ende auch für diesen Fall ablesen.

Der ganze Nutzen eines Hägg-Diagrammes wird erst bei komplizierten Systemen, z.B. mehrwertigen Protolyten, sichtbar, für die auch näherungsweise gilt, daß die einzelnen Protolysestufen als voneinander weitgehend getrennte Systeme betrachtet (und gezeichnet) werden können.

Auch die richtige Auswahl eines Indikators und die Berechnung der erreichbaren Titriergenauigkeit läßt sich mit Hilfe dieser Darstellung viel leichter anschaulich machen.

3.3.1.8 Pufferlösungen

Unter einem Puffer versteht man eine Lösung, in der sich der pH-Wert bei Zugabe einer Säure oder Base nur wenig ändert. Man kombiniert dazu am besten eine schwache Säure mit ihrer korrespondierenden Base bzw. umgekehrt, z.B. Essigsäure mit Natriumacetat. Die Pufferwirkung basiert auf kontinuierlicher Neueinstellung des Verhältnisses von undissoziierter zu dissoziierter Form des Gleichgewichts

$$HAc + H_2O \rightleftharpoons Ac^- + H_3O^+.$$

Dafür gilt die HENDERSON-HASSELBALCH-Gleichung (s. Kap. 3.3.1.6).

$$pH = pK_s + \log c(Ac^-)/c(HAc)$$

Liegen beide Formen in gleicher Konzentration vor, ist $pH = pK_s$.

Betrachten wir dazu nochmals eine Titrationskurve, z.B. die der Essigsäure (s. Bild 3-8).

Wir beobachten bei A zunächst einen raschen pH-Wert-Abfall, weil die dissoziierten Protonen rasch neutralisiert werden. Im Bereich $c(HAc) = c(NaOH)$, also beim Pufferpunkt B, ändert sich der pH-Wert kaum noch, weil zugesetzte H_3O^+-Ionen mit Acetat zu wenig dissoziierter Essigsäure reagieren, sich also das Gleichgewicht

$$HAc \rightleftharpoons H_3O^+ + Ac^-$$

laufend neu einstellt.

Ebenso werden zugesetzte OH^--Ionen von den H_3O^+-Ionen neutralisiert und neue H_3O^+-Ionen aus undissoziierter Essigsäure nachgeliefert. Dieses Wechselspiel funktioniert so lange, wie undissoziierte Essigsäure im Überschuß vorhanden ist.

Die größten Konzentrationsänderungen Salz/Säure spielen sich im Bereich p$K \pm 1$ pH ab.

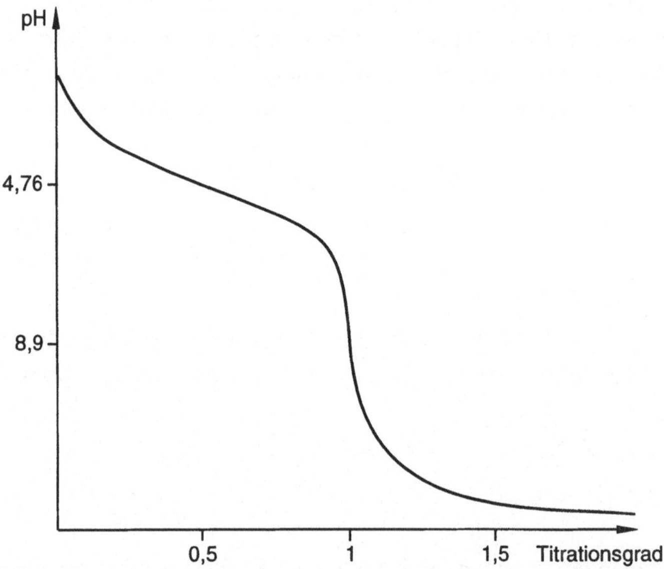

Bild 3-8 Titration von Essigsäure. Dargestellt ist der pH-Wert-Verlauf gegen den Titrationsgrad τ

Berechnung des pH-Wertes eines Puffers

Es gilt die HENDERSON-HASSELBALCH-Gleichung:

$$\text{pH} = \text{p}K_s + \log (c_b/c_s)$$

Für Essigsäure mit pK_s = 4,75 berechnen wir für verschiedene c_b/c_s-Verhältnisse den resultierenden pH-Wert:

Tabelle 3-5

Verhältnis $c_b : c_s$	log c_b/c_s	pH
10 : 90	log 1/9 = –0,954	3,796
50 : 50	log 1 = 0	4,75
90 : 10	log 9 = 0,954	5,704

Die pH-Wert-Änderung bei Zusatz einer Base ist entsprechend der Steigung einer Titrationskurve im Bereich p$K \pm 1$ am kleinsten.[1]

[1] Die Pufferlösungen des Arzneibuchs zeigen pH-Werte zwischen 2,0 und 10,9. Sie sind unter Abschnitt VII.1.3 verzeichnet.

3.3.1.9 Pufferkapazität

Die Pufferkapazität β ist die Aufnahmefähigkeit einer Pufferlösung für starke Protolyte. *b* ist nach VAN SLYKE definiert als Kehrwert der pH-Wert-Änderung, bezogen auf die zugesetzte Basenmenge c_b:

$$\beta = \frac{dc_b}{d(pH)} = \frac{-dc_s}{d(pH)}$$

c_b = zugesetzte Basenmenge
c_s = zugesetzte Säuremenge

Das bedeutet, die Pufferkapazität ist 1, wenn sich der pH-Wert bei zugesetzten 1 mol/l H_3O^+ oder OH^- um 1 pH-Wert-Einheit ändert. Bei starken Protolyten ist $\beta = 2{,}303$[1] · $c(H_3O^+)$, da alles disoziiert vorliegt.

Für schwache Protolyte ist

$$\beta = 2{,}303 \frac{c \cdot K_s \cdot c(H_3O^+)}{K_s + c^2(H_3O^+)}.$$

c = Konzentration des Puffers

Die maximale Pufferkapazität β_{max} liegt bei $c(H_3O^+) = K_s$, oder pH = pK_s. Dann ist

$$\beta_{max} = 2{,}303 \cdot \frac{c \cdot c^2(H_3O^+)}{2 \cdot c^2(H_3O^+)} = \frac{2{,}303}{4} \cdot c = 0{,}58 \cdot c\ .$$

Die Pufferkapazität hängt ab von

- dem Verhältnis Salz/Säure, das bis 1 gehen kann, dann ist $\beta = \beta_{max}$, und
- der Konzentration der einzelnen Pufferkomponenten: je höher die Konzentration, desto größer die Kapazität.

Beispiel:

Wie groß ist bei pH = 4 die Pufferkapazität eines Puffers, der 0,1 M-Essigsäure (pK_s = 4,76) und 0,1 M-Natriumacetat enthält?

$$\beta = 2{,}303 \cdot \frac{c \cdot K_S \cdot c(H_3O^+)}{K_S + c^2(H_3O^+)}$$

K_s (HAc) = $1{,}73 \cdot 10^{-5}$; c = 0,1 (HAc) + 0,1 (NaAc); $c(H_3O^+) = 10^{-4}$;

---

[1] 2,303 = ln(10)

$$\beta = 2{,}303 \cdot \frac{0{,}2 \cdot 1{,}73 \cdot 10^{-5} \cdot 10^{-4}}{1{,}73 \cdot 10^{-5} + (10^{-4})^2};$$

$$\beta = 0{,}0579.$$

Tabelle 3-6 Pufferkapazität von Essigsäure bei verschiedenen pH-Werten

pH-Wert	β
2	$7{,}94 \cdot 10^{-4}$
3	$7{,}70 \cdot 10^{-3}$
4	$5{,}79 \cdot 10^{-2}$
4,5	$1{,}05 \cdot 10^{-1}$
4,7	$1{,}15 \cdot 10^{-1}$ (Maximum)
4,9	$1{,}12 \cdot 10^{-1}$
5	$1{,}67 \cdot 10^{-1}$
6	$2{,}38 \cdot 10^{-2}$
7	$2{,}63 \cdot 10^{-3}$
8	$2{,}66 \cdot 10^{-4}$

Die pH-Werte der Puffer sind außerdem temperaturabhängig.

3.3.1.10 Indikatoren

Ein Indikator zeigt den Endpunkt (Äquivalenzpunkt) einer Titration an. Es kann ein Stoff sein, der z.B. mit überschüssigem Reagens eine gefärbte Verbindung ergibt. Ein Indikator ist auch ein auftretender oder verschwindender Niederschlag, muß also kein eigens hinzugegebener Stoff sein. Gewöhnlich gibt man aber den Indikator in die Analysenlösung. Die Indikatoren der Neutralisationsanalyse sind oft organische Farbstoffe, die meist selbst Säuren oder Basen sind. Als Säure-Base-Systeme haben sie natürlich einen pK_s-Wert, der hier auch Indikatorexponent heißt. Sie wechseln bei Dissoziation/Assoziation ihre Farbe, weil in beiden Formen verschiedene Elektronenverteilungen vorliegen (s. Bild 3-9). Sind beide Formen farbig, nennt man sie zweifarbige Indikatoren (z.B. Methylorange, Methylrot); ist eine Form farblos, haben wir einen einfarbigen Indikator (z.B. Phenolphthalein).

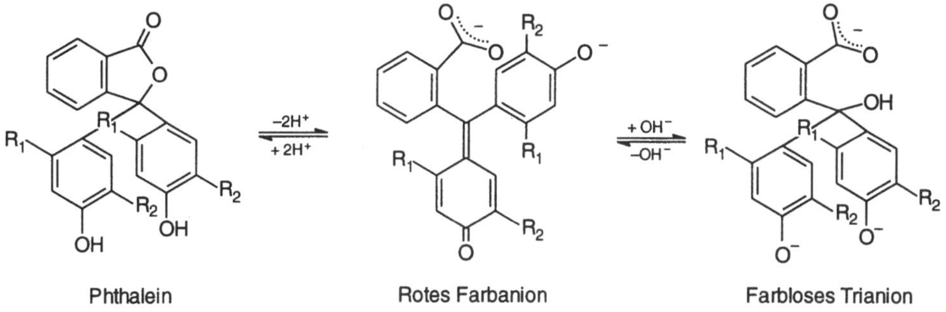

Phthalein — Rotes Farbanion — Farbloses Trianion

Phthalein	R_1	R_2
Phenolphthalein	H	H
Thymolphthalein	$-CH_3$	$-CH(CH_3)_2$

Bild 3-9 Formeln der Phthaleine

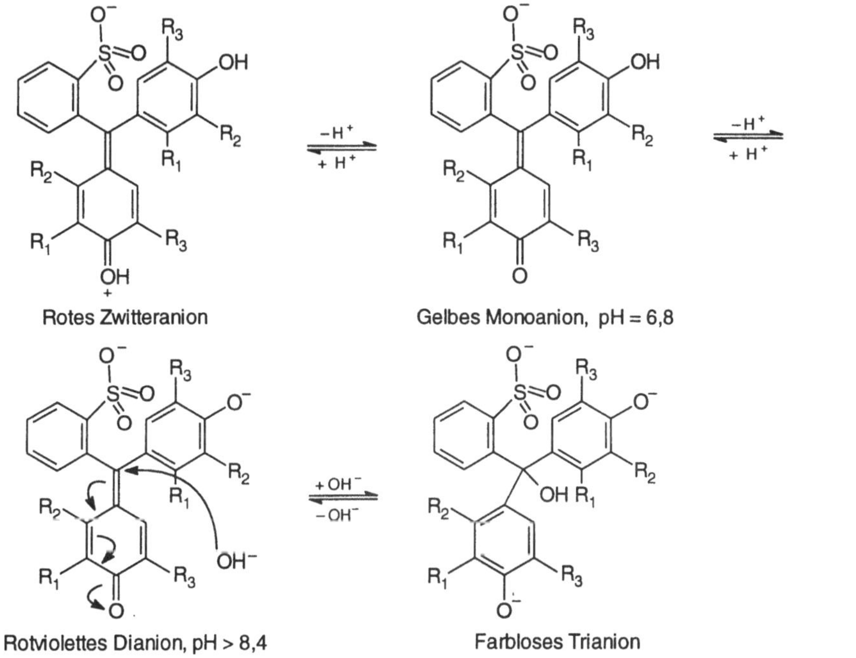

Rotes Zwitteranion — Gelbes Monoanion, pH = 6,8

Rotviolettes Dianion, pH > 8,4 — Farbloses Trianion

Sulfophthalein	R_1	R_2	R_3
Bromcresolgrün	$-CH_3$	Br	Br
Bromcresolpurpur	H	$-CH_3$	Br
Bromphenolblau	H	Br	Br
Bromthymolblau	$-CH_3$	Br	$-CH(CH_3)_2$
Cresolrot	H	$-CH_3$	H
Phenolrot	H	H	H
Thymolblau	$-CH_3$	H	$-CH(CH_3)_2$

Bild 3-10 Formeln der Sulfophthaleine

Eine weitere Stoffklasse der Indikatoren sind Azofarbstoffe.

Azofarbstoff	R_1	R_2	R_3	R_4
Metanilgelb	H	$-SO_3Na$	H	$-NH-C_6H_5$
Methylorange	$-SO_3Na$	H	H	$-N(CH_3)_2$
Methylrot	H	H	–COOH	$-N(CH_3)_2$
Tropäolin 00	$-SO_3Na$	H	H	$-NH-C_6H_5$

Bild 3-11 Formeln der Azofarbstoffe

Indikatoren aus der Gruppe der Triphenylmethanfarbstoffe:

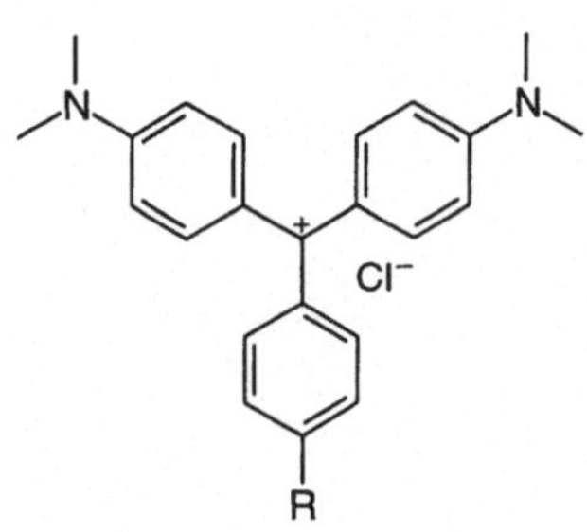

Farbstoff	R
Malachitgrün	H
Kristallviolett	$-N(CH_3)_2$

Bild 3-12 Triphenylmethanfarbstoffe als Indikatoren

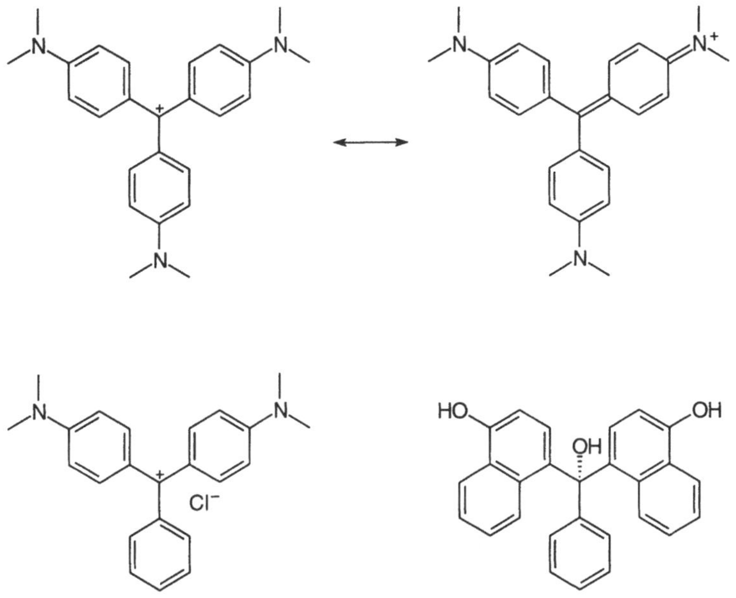

Bild 3-13 Struktur des Kristallvioletts (oben), des Malchitgrüns (unten links) und des Naphtholbenzeins (unten rechts)

Da Indikatoren selbst Säuren (HInd) oder Basen (Ind^-) sind, verbrauchen sie Titrans für ihren Farbumschlag. Damit der dadurch entstehende Fehler möglichst klein wird, sollen sie in geringster Konzentration eingesetzt werden.

Auch auf Indikatorsäuren und -basen kann die HENDERSON-HASSELBALCH-Gleichung angewandt werden. Für eine Indikatorsäure HInd gilt:

$$\mathrm{pH} = \mathrm{p}K_{\mathrm{HInd}} + \frac{\log c(\mathrm{Ind}^-)}{c(\mathrm{HInd})} .$$

Der genaue Umschlagspunkt ist erreicht, wenn beide Formen gleich konzentriert vorhanden sind: $c(\mathrm{HInd}) = c(\mathrm{Ind}^-)$, also bei $\mathrm{pH} = \mathrm{p}K_{\mathrm{HInd}}$.

Unterstellt man, daß für eine einwandfreie Farberkennung ein Konzentrationsverhältnis von 1:10 bis 10:1 notwendig ist, kann man ein pH-Wert-Umschlagintervall von $\mathrm{pH} = \mathrm{p}K_{\mathrm{HInd}} \pm 1$ errechnen. Sind beide Farben nicht gleichgut wahrnehmbar, kann eine noch größere pH-Wert-Änderung notwendig sein. Der Farbton ist ausschließlich vom pH-Wert abhängig, nicht von der *Konzentration*.

Bei einem einfarbigen Indikator einscheint oder verschwindet am Äquivalenzpunkt seine Farbe; Farbtonänderungen gibt es nicht, die Farbintensität hängt von der Konzentration des Indikators ab. Hier eine Liste von Säure/Base-Indikatoren:

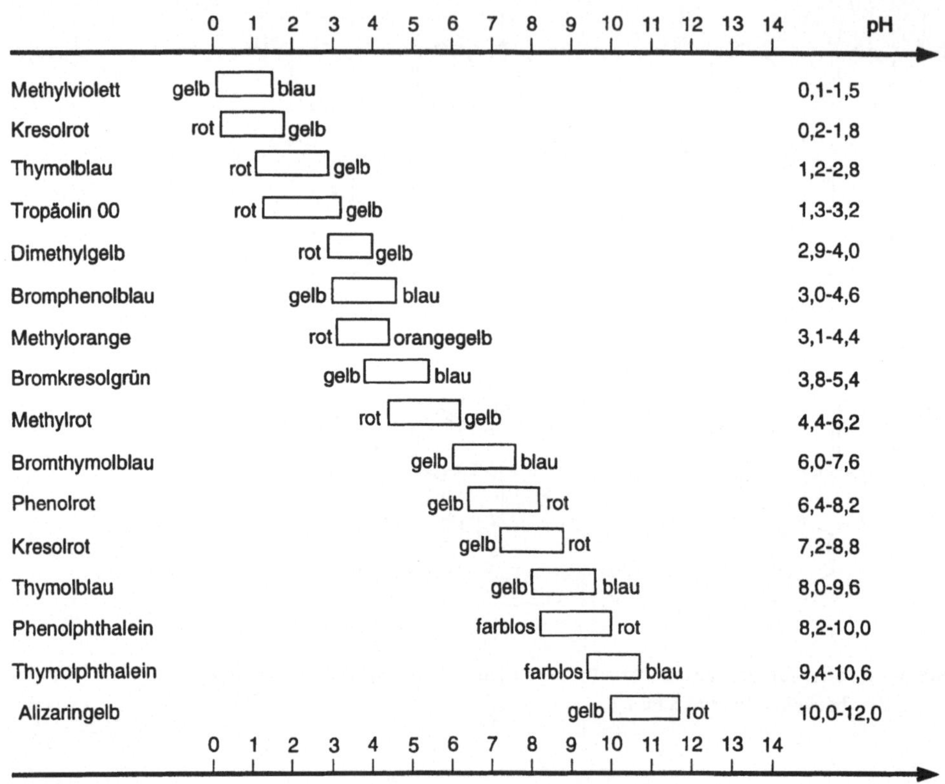

Bild 3-14 Indikatoren mit ihren Umschlagsbereichen und Farben

Indikatoren für die Neutralisationsanalyse sind hauptsächlich Azofarbstoffe, Phthaleine und Sulfophthaleine.

3.3.1.11 Indikatorfehler

Ideal ist ein Indikator, der genau am Äquivalenzpunkt umschlägt, dessen pK-Wert also genau mit dem pH-Wert am Äquivalenzpunkt zusammenfällt.

Ist die Titrationskurve steil, wird mit wenig Maßlösung ein großer pH-Wert-Bereich überschritten, und ein scharfer Umschlag ist die Folge. Ein etwaiger Unterschied des p*K*-Wertes des Indikators gegenüber dem pH-Wert am Äquivalenzpunkt ist ohne praktische Bedeutung.

Ist die Titrationskurve aber flach, braucht man viel Maßlösung, der Umschlag ist schleppend, schlecht erkennbar. In diesem Fall muß der p*K*-Wert des Indikators wesentlich besser der Bestimmung angepaßt werden (s. Bild 3-15).

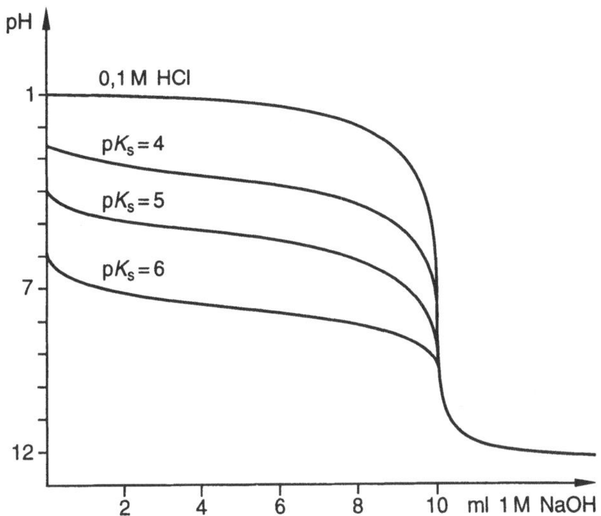

Bild 3-15 Titrationskurven verschiedener Säuren und Basen mit unterschiedlichen p*K*-Werten und den Umschlagsbereichen einiger Indikatoren

Stimmt der Umschlagspunkt des Indikators, sein pK-Wert, nicht mit dem pH-Wert am Äquivalenzpunkt überein, entsteht ein Indikatorfehler, der in den Eigenschaften des Indikators begründet liegt. Man kann ihn ermitteln, wenn man diejenige Menge an Titrator angibt, die mehr oder weniger verbraucht wird, als es der korrekten Bestimmung entspricht.

Ein Beispiel:

Bei der Titration einer starken Säure [c(eq)(HA)] mit einer starken Base [c(eq)(B)] ist am Äquivalenzpunkt pH = 7. Hat man Methylorange als Indikator verwendet, erkennt man den Umschlagspunkt bei pH = 4, $a(H_3O^+) = 10^{-4}$. Damit hat man nicht die gesamte Säuremenge erfaßt, es fehlen F_{H+} ml. Mit der Formel

$$F_{H+} = \text{tritriertesVolumen} \cdot \frac{c(H_3O^+)}{c(\text{eq})(\text{HA})}$$

kann man nun berechnen, daß bei

c(eq)(HA) = 1	der Fehler nur	0,01 ml,
c(eq)(HA) = 0,1	der Fehler	0,1 ml und bei
c(eq)(HA) = 0,01	der Fehler bereits	1 ml beträgt.

Die obige Formel nimmt an, daß zwischen pT (= pH-Wert am Äquivalenzpunkt) und pK_{Ind} drei Einheiten liegen. 0,1% Indikatorfehler wird allgemein akzeptiert.

Gibt man einen Farbstoff zu, dessen Farbe komplementär zur Indikatorfarbe ist, kann man u.U. den Umschlagspunkt besser erkennen. Mischungen aus zwei oder drei Indikatoren ermöglichen oft Titrationen, für die kein einzelner Indikator zur Verfügung steht. Das Universalindikatorpapier (auch als Lösung) ist ein Beispiel dafür.

3.3.1.12 Titration mehrwertiger Protolyte am Beispiel der Phosphorsäure

Eine mehrwertige Säure kann man als Gemisch im Gleichgewicht stehender, näherungsweise voneinander unabhängiger, verschieden starker Säuren auffassen. Eine separate Titration der einzelnen Stufen ist aber nur möglich, wenn sich die pK_s-Werte (Säurekonstanten) um mehr als drei Einheiten unterscheiden.

Die Phosphorsäure besitzt drei Äquivalenzpunkte:

Stufe 1: $H_3PO_4 + H_2O \rightleftharpoons H_2PO_4^- + H_3O^+$; p$K_{s1}$ = 1,96

Der pH-Wert am Titrationsbeginn ist für eine 0,1 M-Säure

$$c(H_3O^+) = -\frac{K_S}{2} + \sqrt{\frac{K_S^2}{4} + K_S \cdot c_0}\ ;$$

pH = 1,55.

Das Dihydrogenphosphation ist ein Ampholyt, es kann zu H_3PO_4 assoziieren und zu HPO_4^{2-} dissoziieren:

Stufe 2: $H_2PO_4^- + H_2O \rightleftharpoons HPO_4^{2-} + H_3O^+$; p$K_{s2}$ = 7,20; pK_{s1} = 1,96; ΔpK > 3.

Der pH-Wert am Äquivalenzpunkt ÄP$_i$ ist das arithmetische Mittel aus den beiden benachbarten pK_s-Werten.

$pH_i = 1/2\ (pK_i + pK_{i+1});\ 1 < i < n-1;\ pH_i = 4{,}54.$

Als Indikator für eine Titration der Phosphorsäure mit NaOH bis zur ersten Stufe können also Dimethylgelb und Bromphenolblau (s. Bild 3-14) verwendet werden.

Auch das Monohydrogenphosphation ist ein Ampholyt, kann zu $H_2PO_4^-$ assoziieren oder protolysieren:

Stufe 3: $HPO_4^{2-} + H_2O \rightleftharpoons PO_4^{3-} + H_3O^+$; p$K_{s3}$ = 12,4.

Der pH-Wert am 3. Äquivalenzpunkt ist pH_i = 1/2 (7,2 + 12,4) = 9,8.

Thymolphthalein ist hier als Indikator geeignet. Bei Phenolphthalein kommt der Umschlag zu früh, kann jedoch durch Zugabe von 10% NaCl um eine Einheit zum Neutralpunkt hin verschoben werden. Durch NaCl erhöht sich die Ionenstärke. Dadurch verstärkt sich der Unterschied zwischen den mit Konzentrationen vorgenommenen Berechnungen und den auf Aktivitäten beruhenden tatsächlichen Gleichgewichtsverhältnissen.

Tertiäres Phosphat ist eine relativ starke Base mit so kleinem pK_s-Wert, daß eine Säure-Base-Titration nicht mehr genau durchgeführt werden kann. Aber man kann Calciumchlorid zusetzen, wodurch folgende Reaktion abläuft:

$$2\ H_2PO_4^- + 3\ Ca^{2+} + 4\ H_2O \rightarrow Ca_3(PO_4)_2\downarrow + 4\ H_3O^+$$

Die bei der Reaktion freiwerdenden Hydroniumionen können nun titriert werden.

Nach der Titration der 1. Stufe entsteht ein Puffersystem: Eine Mischung aus primärem und sekundärem Phosphat ist ein beliebter Puffer, da er seine maximale Kapazität nahe dem Neutralpunkt besitzt.

3.3.1.13 Formoltitration

Das Ammoniumkation NH_4^+ ist mit einem pK_s-Wert von 9,25 eine so schwache Säure, daß es nicht direkt acidimetrisch bestimmt werden kann. Die ursprünglich zur Bestimmung von Aminosäuren[1] gebrauchte Formoltitration (Titration nach Umsetzung mit Formaldehyd) läßt aber eine genaue Bestimmung von Ammonium zu. Dabei entsteht zunächst die freie Base NH_3 nach

$$NH_4^+ + H_2O \rightleftharpoons NH_3 + H_3O^+,$$

die mit HCHO reagiert (Aminomethylierung): $NH_3 + HCHO \rightarrow H_2N{-}CH_2{-}OH$.

Diese Zwischenverbindung reagiert weiter zu Hexamethylentetramin (Urotropin, Tetraaza-adamantan, s. Bild 3-16):

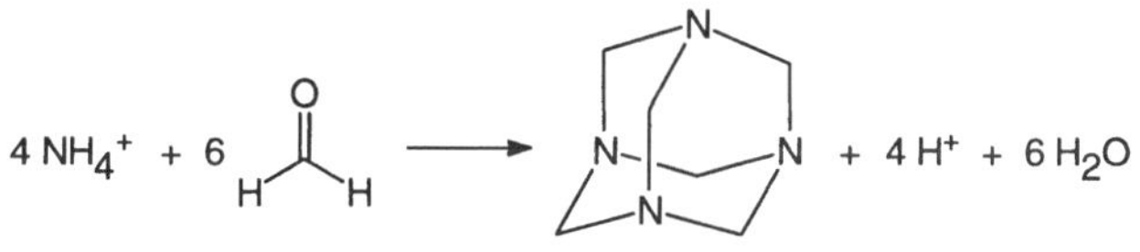

4 NH4+ + 6 (O, H, H) ⟶ (N, N, N, N) + 4 H+ + 6 H2O

Bild 3-16 Die Formoltitration

Die Reaktionsgleichung lautet insgesamt:

$$4\ NH_4^+ + 6\ HCHO + H_2O \rightarrow C_6H_{12}N_4 + 4\ H_3O^+ + 6\ H_2O$$

Die bei der Reaktion entstehenden Hydroniumionen können nun mit NaOH titriert werden.

[1] Aminogruppen von Aminosäuren reagieren mit Formaldehyd zu N-Hydroxymethylverbindungen

$$R\text{-}NH\text{-}CH_2\text{-}OH \rightleftharpoons R\text{-}N{=}CH_2 + H_2O.$$

3.3.1.14 Natriumtetraborat-Bestimmung

Handelsübliches Borax ist das Hydrat des Natriumtetraborats $Na_2[B_4O_5(OH)_4] \cdot 8\ H_2O$.

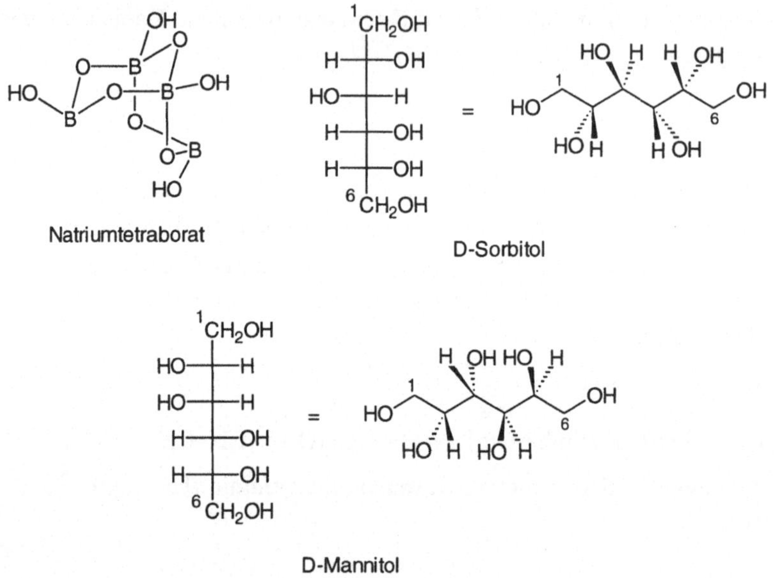

Natriumtetraborat

D-Sorbitol

D-Mannitol

Bild 3-17 Struktur von Natriumtetraborat (Borax), D-Sorbitol und D-Mannitol

Natriumtetraborat ist in Wasser nicht stabil und hydrolysiert zu Borsäure. Die Dissoziationskonstante von Borsäure ist konzentrationsabhängig, da sich bei höherer Konzentration Polyborsäuren bilden, die stärker sauer sind. Man kann Borax direkt mit 0,1 N-HCl gegen Methylrot titrieren; genauer und spezifischer ist aber die Titration nach Zusatz von Mannit, das mit der Borsäure einen vierzähnigen Chelatkomplex bildet, wobei ein Proton frei wird.

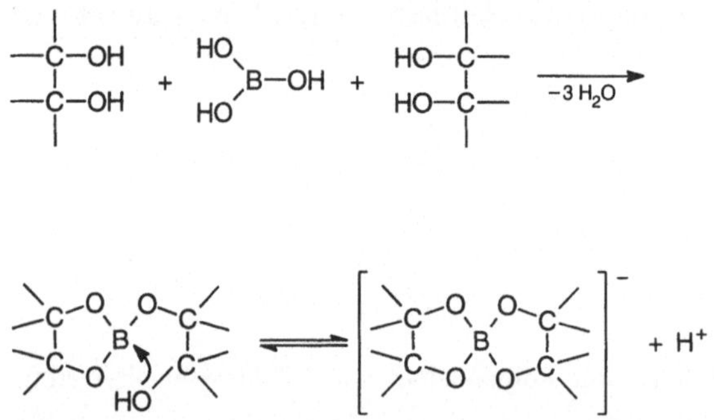

$-3\ H_2O$

$+\ H^+$

Bild 3-18 Reaktionsverlauf bei der Natriumtetraborat-Bestimmung

Insgesamt entstehen pro $Na_2B_4O_7$ zwei titrierbare Hydroniumionen, da die beiden restlichen Hydroniumionen im Salz durch Natrium ersetzt sind. Die so entstehende Säure hat einen pK_s-Wert von 4,72 und ist daher mit NaOH titrierbar; der Äquivalenzpunkt liegt bei pH = 8,77 und kann mit Phenolphthalein angezeigt werden. Für die Komplexbildung müssen die Alkoholgruppen des Komplexbildners benachbart (vicinal) sein. Die Reaktion mit einem Mol Alkohol führt zwar auch zu einer Säure, die aber weit schwächer ist.

Borsäure kann als Lewissäure auch mit Wasser reagieren:

$$B(OH)_3 + 2\,H_2O \rightleftharpoons [B(OH)_4]^- + H_3O^+;\ pK_s = 9{,}24,$$

doch ist diese Säure weit schwächer und nicht direkt bestimmbar.

3.3.1.15 Titrationen im nichtwässrigen Milieu

Wasser ist das meistbenutzte Lösemittel, doch sind Reaktionen auch in anderen Systemen möglich und manchmal sogar vorteilhaft.

Lösemittel kann man nach folgenden Kriterien unterscheiden:

- Aprotische Lösemittel: Sie haben eine geringe Polarität und eine geringe Dielektrizitätskonstante. Ihr Proton kann nicht abgegeben werden. Sie sind zur Solvatation ungeeignet, eignen sich aber zum Lösen organischer Stoffe, die weniger polar sind. Sie bauen van-der-Waals-Kräfte zum gelösten Stoff auf. Ein Beispiel ist Toluol.
- Protische Lösemittel sind polar und besitzen durch ihre elektrostatischen Wechselwirkungen mit Stoffen ein viel besseres Lösevermögen für Ionen. Sie können Protonen abgeben oder aufnehmen.

Protische Lösemittel heißen auch amphiprotische Lösemittel oder Ampholyte. Ihre Autoprotolyse ergibt Kationen, die Lyoniumionen heißen, und Anionen, die man Lyationen nennt.

Die Dielektrizitätskonstante ε ist ein Maß für die Polarität.

Tabelle 3-7 Dielektrizitätskonstanten für 1,013 hPa und 0 °C:

Substanz	ε
Papier	1,6–2,6
Petroleum	2,1
Paraffin	1,9–2,5
Benzol	2,5
Hartgummi	2,5–3,5
PVC	3,1–3,9
Glas	5,0–9,0
Essigsäure	6,1
Aceton	21,4
Ethanol	27,9

Tabelle 3-7 *(Fortsetzung)*

Substanz	ε
Methanol	33,6
Nitrobenzol	36,9
Ameisensäure	58,5
Wasser 0 °C	87,8
Wasser 20 °C	80,1
Schwefelsäure	100,0

Wasserfreie Titration schwacher Basen

Werden Säuren in aprotischen Lösemitteln gelöst, z.B. in Aceton, tritt keine Reaktion analog zur wässrigen Lösung ein. Die Säurestärke kann nicht mehr am Grad der Dissoziation abgelesen werden. Vielmehr kann man nur noch aus dem Grad der Protonenaffinität der Säure auf ihre Stärke schließen: Je fester das Proton gebunden ist, desto schwächer ist die Säure.

Die geringe Polarität wasserfreier Lösemittel läßt eine Dissoziation nur wenig oder gar nicht zu, weil sich die entstehenden Ionen nicht durch einen Solvatmantel stabilisieren können. Eine Säure HA wird also ihr Proton H^+ nicht dissoziieren können, weil ein Proton praktisch nicht frei existieren kann. In aprotischen Lösemitteln kommt die Säurestärke besser zur Geltung. Man sagt, aprotische Lösemittel können die Stärke verschiedener Säuren differenzieren. Außerdem spalten sie die bei einer Neutralisation entstehenden Salze nicht. Ungünstig ist aber ihr schlechtes Lösevermögen für polare Stoffe und deren zurückgedrängte Dissoziation.

Verwendet man ein protisches Lösemittel, welches Hydroniumionen aufnehmen oder abgeben kann, wird die Säure HA dissoziieren, weil das als Base wirkende Lösemittel B nach

$$HA + B \rightleftharpoons BH^+ + A^-$$

nun das Proton stabilisiert. Die Dielektrizitätskonstante ε entscheidet, ob das Lösemittel Säurestärken differenzieren kann (kleines ε) oder gleichstark erscheinen läßt (nivelliert, großes ε). BH^+ in der Gleichung kann für das Hydroniumion aus der Reaktion mit Wasser oder für das Acetacidiumion AcH_2^+ (s. Kap. 3.3.1.2) aus der Reaktion mit Essigsäure stehen.

In protischen Lösemitteln wie Essigsäure verläuft die Dissoziation starker Säuren über die Zwischenstufe eines Ionenpaares:

$$HClO_4 + HAc \overset{K_I}{\rightleftharpoons} AcH_2^+ \cdot ClO_4^- \overset{K_D}{\rightleftharpoons} AcH_2^+ + ClO_4^-$$

Wie groß die (Gesamt-)Säurekonstante K_s ist, hängt von der Ionisationskonstante K_I und der Dissoziationskonstante K_D ab. Die drei Konstanten hängen über

$$K = \frac{K_I \cdot K_D}{1 + K_I}$$

zusammen. Bei gegenüber dem Lösemittel starken Säuren wie der Perchlorsäure liegt das Gleichgewicht stark auf dem Ionenpaar $AcH_2^+ \cdot ClO_4^-$. Es entstehen also viele Ionenpaare. K_I ist groß gegenüber 1. Daher wird K_s nach

$$K_S = \frac{K_I \cdot K_D}{K_I}$$

hauptsächlich von K_D bestimmt. Wir können ohne großen Fehler eine Dissoziation ohne Ionenpaar annehmen.

Bei gegenüber dem Lösemittel schwachen Säuren aber liegt das Gleichgewicht auf der Seite der Ausgangsprodukte, es entstehen wenig Ionenpaare, K_I ist klein gegenüber 1. Jetzt wird K_s nach

$$K_S = \frac{K_I \cdot K_D}{1}$$

von $K_I \cdot K_D$ bestimmt.

Wir fassen zusammen:

- Säure- und Basenstärken sind relative Eigenschaften.
- Säure- und Basenstärken hängen von der Dielektrizitätskonstante ab, weil diese über das Auftreten (die Stabilität) von Ionenpaaren entscheidet.
- Die Säure- und Basenstärke in nichtwässrigen, protischen Lösemitteln hängt von der Acidität des Lösemittels ab.

Die Eigenschaft eines Lösemittels, die Säurestärke zu nivellieren oder zu differenzieren, hängt also mit der Polarität, mit seiner Dielektrizitätskonstante, zusammen: Ein Lösemittel mit einer hohen Dielektrizitätskonstante, vor allem Wasser mit $\varepsilon = 81$, nivelliert Säurestärken. Ein Lösemittel mit niedriger Dielektrizitätskonstante, wie Essigsäure mit $\varepsilon = 6{,}2$, kann Säurestärken differenzieren. Entsprechendes gilt für Basen.

Das wichtigste Beispiel für ein nichtwässriges Lösemittel ist Essigsäure. Hier ihre Autoprotolyse im Vergleich mit dem Wasser:

Protolysegleichgewicht							pK_s-Wert
CH_3–COOH	+	CH_3–COOH	$\rightleftharpoons$	CH_3–$COOH_2^+$	+	CH_3–COO^-	$pK_s = 12{,}6$
H_2O	+	H_2O	$\rightleftharpoons$	H_3O^+	+	OH^-	$pK_s = 14$

Tabelle 3-8 Saure amphiprotische und neutrale Lösemittel:

Saure Lösemittel	Neutrale Lösemittel
Essigsäure	Methanol
Ameisensäure	Ethanol

Nun ein praktisches Beispiel, das die vorstehenden Erläuterungen verdeutlichen soll:

Die als Titrator benutzte starke Perchlorsäure ist nun in der Lage, sogar Essigsäure, die hier als schwache Base wirkt, zu protonieren:

$$HClO_4 + CH_3\text{–}COOH \rightleftharpoons CH_3\text{–}COOH_2^+ + ClO_4^-$$

Bild 3-19 Reaktion zwischen Perchlorsäure und Essigsäure zum Acetacidiumion

Das entstehende Acetacidiumion $CH_3\text{–}COOH_2^+$ ist nun die eigentliche Säure, mit der man schwache Basen wasserfrei titrieren kann. Man titriert auf diese Weise nicht mit Perchlorsäure, sondern mit $CH_3\text{–}COOH_2^+$ als Säure. In Essigsäure kommt auf diese Weise die Säurestärke der Perchlorsäure viel mehr zum Ausdruck, weil sich in Gegenwart von Wasser mit jeder Säure H_3O^+ bilden würde. Die verschieden starken Säuren HCl und $HClO_4$ würden sich in Wasser nicht unterscheiden. Daher sind Titrationen schwacher Basen in Wasser nicht möglich. Ein Beispiel für die wasserfreie Titration einer Base ist die Bestimmung von Natriumcitrat:

Die Citronensäure dissoziiert in drei Stufen:

1. Stufe: $pK_{s1} = 3{,}13$
2. Stufe: $pK_{s2} = 4{,}76$
3. Stufe: $pK_{s3} = 6{,}40$

Die pK_s-Werte liegen zu dicht beieinander, um die Stufen einzeln titrieren zu können. Der Mindestunterschied sollte $\Delta pK = 3$ betragen.

Titriert man Natriumcitrat in Eisessig, würde das im Citrat enthaltene Kristallwasser die wasserfreie Bestimmung stören, es wird mit Acetanhydrid zu Essigsäure umgesetzt. Diese Umsetzung ist eine Molekülreaktion, die nicht so schnell abläuft wie Ionenreaktionen, daher ist eine leichte Erwärmung vorgeschrieben. Vor der Titration muß allerdings wieder abgekühlt werden.

Hier der chemische Ablauf in einzelnen Schritten:

1. In der Maßlösung ist bereits die Reaktion

$$CH_3\text{–}COOH + CH_3\text{–}COOH \rightleftharpoons CH_3\text{–}COOH_2^+ + CH_3\text{–}COO^-$$

abgelaufen.

2. Beim Lösen reagiert das Citrat der Analyse mit der Essigsäure:

$$\text{Citrat}^{3-} + 3\ CH_3\text{–}COOH \rightleftharpoons \text{Citronensäure} + 3\ CH_3\text{–}COO^-$$

3. Während der Titration reagieren die einem Mol Citronensäure äquivalenten 3 Mol Acetat mit der Säure $CH_3\text{–}COOH_2^+$ des Titrators:

$$3\ CH_3{-}COO^- + 3\ CH_3{-}COOH_2^+ \rightleftharpoons 6\ CH_3{-}COOH.$$

4. Das erste überschüssige Acetacidiumion $CH_3{-}COOH_2^+$ protoniert den Indikator, der dadurch eine andere Farbe annimmt.

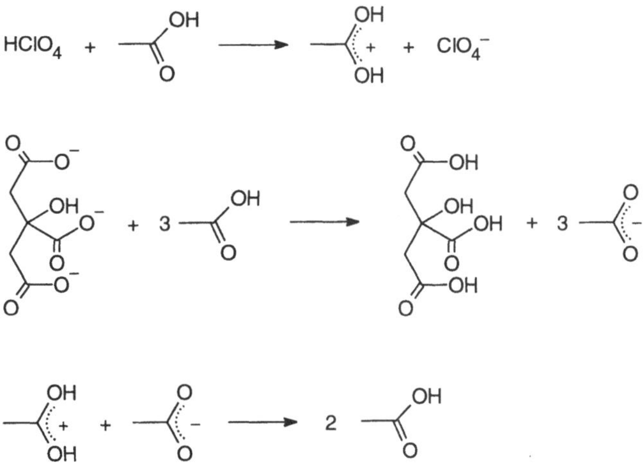

$$HClO_4 + CH_3{-}COOH \longrightarrow CH_3{-}C(OH)_2^+ + ClO_4^-$$

$$\text{Citrat}^{3-} + 3\ CH_3{-}COOH \longrightarrow \text{Citronensäure} + 3\ CH_3{-}COO^-$$

$$CH_3{-}C(OH)_2^+ + CH_3{-}COO^- \longrightarrow 2\ CH_3{-}COOH$$

Bild 3-20 Titration von Citrat mit dem Acetacidiumion

Wasserfreie Titration schwacher Säuren

Wasserfrei titrierte schwache Säuren können OH-acide Verbindungen, z.B. Phenole, sein, NH-acide Verbindungen, bei denen das H^+ vom Stickstoff dissoziieren kann, oder SH-acide Verbindungen. Ihre Säurekonstanten sind sehr niedrig. Als Titratoren kommen nur sehr starke Basen in Frage wie z.B. Alkoholate oder tertiäre Ammoniumbasen. Alkoholate sind organische Verbindungen, bei denen der Alkohol ein Proton abgegeben und dafür ein Metallion aufgenommen hat, z.B. Lithiummethanolat $Li^+\ {}^-O{-}CH_3$. Alkoholate entstehen, wenn man Alkalimetalle (unter Wasserstoffentwicklung!) in wasserfreiem Alkohol löst. Bei quartären Ammoniumbasen sind am Stickstoff des Ammoniumions alle Wasserstoffatome durch organische Reste, z.B. durch den Methyl- oder den Butylrest $-C_4H_9$, ersetzt:

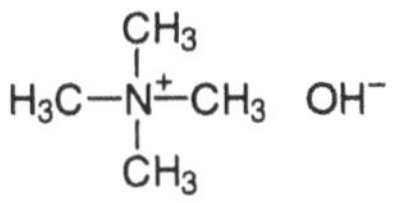

$$H_3C{-}N^+(CH_3)_3\quad OH^-$$

In einem solchen Molekül findet das OH^- kein Proton mehr, wie z.B. im NH_4^+, mit dem es sich zu Wasser kombinieren könnte:

$$NH_4^+ + OH^- \rightleftharpoons NH_3 + H_2O$$

Daher sind quartäre Ammoniumbasen stets vollständig dissoziiert.

Titratoren für diese Art Bestimmungen herzustellen, ist sehr umständlich. Wasser- und kohlendioxidfreie (!) Atmosphäre ist erforderlich. Als Lösemittel können basische amphiprotische Flüssigkeiten wie Butylamin, Formamid oder basische, aber aprotische Lösemittel wie Pyridin, Dimethylformamid oder Dimethylsulfoxid dienen, oder neutrale, aprotische Lösemittel wie Toluol.

Aus einem Phenol entsteht bei der Titration mit 0,1 N-Tetrabutylammoniumhydroxid das Ammoniumsalz

$$C_6H_5OH + (C_4H_9)_4N^+ \, OH^- \rightleftharpoons C_6H_5O^- \, (C_4H_9)_4N^+ + H_2O.$$

Aus einer NH-aciden Verbindung, z.B. Allopurinol, entsteht ebenfalls das Salz

$$>NH + (C_4H_9)_4N^+ \, OH^- \rightleftharpoons >N^- \, (C_4H_9)_4N^+ + H_2O.$$

3.3.2 Titrationsvorschriften

3.3.2.1 Schwefelsäure

Die Analysenlösung wird auf 100,0 ml aufgefüllt. Ein Aliquot dieser Lösung wird mit einigen Tropfen Indikatorlösung versetzt und dann mit 0,1 N-Natronlauge unter ständigem Umschwenken bis zum Umschlag des Indikators titriert. Geeignete Indikatoren sind: Methylorange, Methylrot, Bromthymolblau oder Bromkresolgrün-Methylrot-Mischindikator.

1 ml 0,1 N-NaOH entspricht 0,1 mn(eq)[1] = 4,9037 mg Schwefelsäure, $M_r = 98{,}07$.

Erläuterungen:

Es handelt sich um eine direkte Titration. Die Schwefelsäure ist auch in der zweiten Stufe stark protolysiert. $pK_{s1} \approx -3$; $pK_{s2} = 1{,}90$.

3.3.2.2 Natriumtetraborat-Decahydrat, Borax

Etwa 400 mg der Substanz werden genau gewogen und in 25 ml Wasser gelöst. Alternativ kann die gesamte Substanz in Wasser gelöst und entsprechend verdünnt werden.

2 g Mannit und einige Tropfen Phenolphthaleinlösung werden zugefügt. Mit 0,1 N-Natronlauge wird bis zum Umschlag von farblos nach rosa titriert.

1 ml 0,1 N-NaOH entspricht 0,1 mn(eq) = 19,07 mg Natriumtetraborat-Decahydrat, $M_r = 381{,}37$.

[1] Milliäquivalent

3.3.2.3 Natriumcitrat-Dihydrat

Etwa 100 mg Substanz, genau gewogen, werden in 25 ml wasserfreier Essigsäure gelöst. Zur Beschleunigung des Lösens kann leicht erwärmt werden. Der Ansatz wird zur Reaktion einige Zeit stehengelassen. Danach wird die Lösung mit 20 ml Essigsäureanhydrid und einigen Tropfen Malachitgrünlösung versetzt und mit 0,1 N-Perchlorsäure in wasserfreier Essigsäure bis zum Farbumschlag von blau nach gelb titriert.

1 ml 0,1 N-Perchlorsäure entspricht 0,1 mn(eq) = 8,602 mg Natriumcitrat, $M_r = 258{,}07$.

3.4 Redoxanalyse

Die folgenden maßanalytischen Verfahren beruhen auf Oxidations- und Reduktionsvorgängen und der Bestimmung der dazu nötigen Reagensmengen. Es besteht eine weitgehende Parallele zur Neutralisationsanalyse: Während bei dieser die Wechselwirkung von Säuren und Basen und der Austausch von Protonen im Mittelpunkt stehen, beruht die Redoxanalyse auf dem *Austausch von Elektronen*. Die Oxidation eines zu bestimmenden Stoffes bedeutet Elektronen*abgabe*, für das Oxidationsmittel ist es dagegen eine Elektronen*aufnahme*, also eine Reduktion. Die Zahl abgegebener und aufgenommener Elektronen muß wegen der Elektroneutralität gleich sein. Das „Redoxpotential" entspricht hier der Säure- bzw. Basenstärke.

Protonen wie Elektronen können nur sehr kurze Zeit[1] frei existieren, daher ist eine Dissoziation von Protonen nur möglich, wenn das Proton z.B. von Wasser als H_3O^+ aufgenommen und damit stabilisiert werden kann. Entsprechend ist eine Oxidation nur möglich, wenn das übertragene Elektron vom Reduktionsmittel aufgenommen wird. Beide Vorgänge, Oxidation und Reduktion, bedingen sich also wechselseitig. Sie laufen immer gemeinsam ab und bilden eine Gleichgewichtsreaktion.

Zur Verdeutlichung der Begriffe:

Reduktion		Oxidation
Reduzierte Form, Reduktionsmittel	$\rightleftharpoons$	oxidierte Form, Oxidationsmittel + Elektronen

Die Oxidations-Reduktions-Wechselwirkung an einem Beispiel:

Oxidationsmittel	+	Reduktionsmittel		Reduktionsmittel	+	Oxidationsmittel
I_2	+	$2\ S_2O_3^{2-}$	$\rightleftharpoons$	$2\ I^-$	+	$S_4O_6^{2-}$

[1] Protonenübergänge gehören zu den schnellsten „chemischen" Reaktionen. Elektronen lassen sich mit etwa 1 ms etwas mehr Zeit. Es gibt sogar Lösemittel wie flüssigen Ammoniak, in denen Elektronen solvatisiert längere Zeit frei existieren können.

Zum Vergleich die Säure-Base-Wechselwirkung:

$$\text{Säure HAc} + \text{Base } H_2O \rightleftharpoons \text{Base } Ac^- + \text{Säure } H_3O^+$$

Im Gegensatz zu Protolysereaktionen kann das Gleichgewicht bei Redoxreaktionen ganz auf einer Seite liegen (wie in obigem Beispiel).

Ampholyte nannten wir Stoffe, die sowohl als Säure als auch als Base reagieren können. Hier finden wir eine sehr inhaltsreiche Parallele zu Redoxsystemen: Redoxsysteme reagieren immer *nur in bezug* zu einem definierten Reaktionspartner eindeutig als Oxidations- oder Reduktionsmittel. Es gibt also kein absolutes Oxidations- oder Reduktionsmittel (wie es keine absoluten Säuren oder Basen gibt). Erst mit dem Reaktionspartner zusammen wird abschätzbar, wer oxidiert und wer reduziert.

Es gibt allerdings den Elektronenübergang ohne chemische Stoffe. Bei einer Elektrolyse entzieht die Anode direkt Elektronen: Sie oxidiert den Stoff. Die Kathode gibt Elektronen ab: Sie reduziert. Beide Elektrodenwirkungen kann man als Oxidation bzw. Reduktion verstehen.

3.4.1 Theorie

In ganz allgemeiner Form lautet eine Redoxwechselwirkung so:

Das Oxidationsmittel Ox_1 nimmt z Elektronen auf und wird dadurch zum Reduktionsmittel Red_1. Ein Reduktionsmittel Red_2 wird zum Oxidationsmittel Ox_2 und gibt dabei z Elektronen ab. Setzen wir diese Aussagen in zwei Gleichungen um, die danach zusammengefaßt werden:

$$\begin{array}{ccc} Ox_1 + z\,e^- & \rightleftharpoons & Red_1 \\ Red_2 & \rightleftharpoons & Ox_2 + z\,e^- \\ \hline Ox_1 + Red_2 & \rightleftharpoons & Red_1 + Ox_2 \end{array}$$

Daraus folgt: Jeder Redoxprozeß erfordert immer zwei Reaktionspartner. Der Elektronenaustausch wird in der Gesamtumsetzungsgleichung nicht mehr sichtbar.

Nun folgt ein konkretes Beispiel:

$$\begin{array}{ccc} Ce^{4+} + e^- & \rightleftharpoons & Ce^{3+} \\ Fe^{2+} & \rightleftharpoons & Fe^{3+} + e^- \\ \hline Ce^{4+} + Fe^{2+} & \rightleftharpoons & Ce^{3+} + Fe^{3+} \end{array}$$

3.4.1.1 Oxidationsstufen

Es war schon bei Säuren und Basen von der Ionenwertigkeit die Rede. Auch z, die Zahl der übertragenen Elektronen, kam in der allgemeinen Redoxgleichung schon vor.

Zerlegt man formal eine nichtionische Verbindung in positiv und negativ geladene Bestandteile, erhält man für die Atome des Ammoniakmoleküls N^{3-} und 3 H^+. Man sagt, die Oxidationsstufe des Stickstoffs ist hier –3. Oxidiert man NH_3 zu HNO_3, erhöht sich die Oxidationsstufe des Stickstoffs von –3 auf +5, denn HNO_3 zerlegt ergibt: H^+ und 3 O_2^-. Für den Stickstoff bleibt dann N^{5+}. Stickstoff wurde also von der Oxidationsstufe –3 in die Stufe +5 übergeführt, was mit dem Verlust von acht Elektronen verbunden ist. Elektronenverlust bedeutet Oxidation, in diesem Beispiel eine Oxidation um 8 Oxidationsstufen.

Schwieriger wird die Berechnung der Oxidationsstufen bei der Umsetzung von Natriumthiosulfat zu Natriumtetrathionat. Pro Mol Thiosulfat wird ein Mol Elektronen frei:

$$2\,S_2O_3^{2-} \rightleftharpoons S_4O_6^{2-} + 2\,e^-$$

An die Stelle der Ionenwertigkeit bei der Säure-Base-Analytik tritt bei der Redoxanalytik die Oxidationsstufe des Elements. Als Oxidationsstufe kann man formal, wie oben demonstriert, die aus Vorzeichen und Größe bestehende elektrische Ladung definieren, die das reagierende Atom hätte, wenn man seine an den Bindungen beteiligten Elektronen auf die beteiligten Nachbaratome verteilt. Für die Ermittlung der Oxidationsstufe haben sich einige Konventionen bewährt: Metalle haben stets positive, Halogene stets negative Oxidationszahlen. Wasserstoff bekommt die Oxidationsstufe +1, Sauerstoff[1] die Stufe –2. Bei organischen Molekülen werden nach der Regel von PAULING Bindungen zweier verschiedener Atome (das bindende Elektronenpaar) dem Partner mit der größeren Elektronegativität zugeordnet, Bindungen zwischen gleichen Atomen werden halbiert, jedem Partner also eine Ladung (ein Elektron) zugeordnet.

Erhöhung der Oxidationsstufe bedeutet Oxidation, Erniedrigung bedeutet Reduktion.

3.4.1.2 Redoxpotentiale, Redoxgleichungen

Analog zur Säurestärke beschreibt das *Redoxpotential* die Kraft, oxidierend bzw. reduzierend zu wirken. Das Potential[2] wird in Volt angegeben, leitet sich aus der *Nernstschen Gleichung* ab und ist (wie der pH-Wert) elektrochemisch meßbar.

Verglichen mit den Verhältnissen bei Säuren und Basen spielen bei Redoxprozessen die Aktivitäten (s. Kap. 2.1.8) eine viel größere Rolle als die Konzentrationen, denn der Aktivitätskoeffizient hängt von der Ionenstärke und diese wiederum von der Ladungszahl ab. Die Ladungszahlen gehen als Quadrate in die Ionenstärke ein. Sie sind bei Redoxprozessen, z.B. bei Ce^{4+}, oft viel größer als bei Säure-Basereaktionen.

---

[1] Seltene Ausnahmen sind: Wasserstoff in Hydriden: –1; Sauerstoff in H_2O_2: –1.

[2] Der Begriff Potential, die Nernstsche Gleichung und andere elektrochemische Begriffe, ohne die die Redoxanalyse nicht auskommt, werden in speziellen Elektrochemie-Lehrbüchern (z.B. Hamann/Vielstich, Elektrochemie I + II, VCH oder Schmickler, Einführung in die Elektrochemie, Vieweg) erklärt.

Ist a die Aktivität, E das meßbare Potential und E^0 das Normal- bzw. Standardpotential des Redoxgleichgewichts, lautet die Nernstsche Gleichung für das Gleichgewicht

$$a_{\mathrm{Red}} \rightleftharpoons a_{\mathrm{Ox}} + z\,e^-$$

$$E = E^0 + \frac{0{,}059}{z} \log \frac{a_{\mathrm{Ox}}}{a_{\mathrm{Red}}} .$$

Wenn man die Stärke verschiedener Oxidations- und Reduktionsmittel miteinander vergleichen will, muß man wegen der Abhängigkeit des Potentials E von der Aktivität a der Reaktanden vergleichbare Angaben zum Verhältnis $a_{\mathrm{Ox}}/a_{\mathrm{Red}}$ machen. Man vereinbart: $a_{\mathrm{Ox}} = a_{\mathrm{Red}}$. Für diesen Zustand gleicher Aktivitäten wird $\log(a_{\mathrm{Ox}}/a_{\mathrm{Red}})$ zu Null und damit $E = E^0$. Für eine Lösung, in der die oxidierte und die reduzierte Form in gleicher Konzentration (genauer: Aktivität) vorkommen, ist das gemessene Potential E dann gleich dem Redoxpotential E^0. Als Bezugspotential dient das Potential der Normalwasserstoffelektrode bei 25 °C, welches gleich Null gesetzt wird.

Oxidations- und Reduktionsmittel lassen sich nun nach ihren Normalpotentialen in einer Reihe, der Spannungsreihe, anordnen. In ihr verhält sich jedes in eine Zeile geschriebene System oxidierend gegenüber den darüberstehenden und reduzierend gegenüber den darunterstehenden Systemen.

Tabelle 3-9 Einige Normalpotentiale aus der Spannungsreihe

$Ox + z\,e^- \rightleftharpoons Red$	E^0 [V]
$Mn^{2+} + 2\,e^- \rightleftharpoons Mn_f$	–1,05
$Fe^{2+} + 2\,e^- \rightleftharpoons Fe_f$	–0,44
$2\,H^+ + 2\,e^- \rightleftharpoons H_2$	0,00
$I_2 + 2\,e^- \rightleftharpoons 2\,I^-$	0,54
$Fe^{3+} + e^- \rightleftharpoons Fe^{2+}$	0,77
$Br_2 + 2\,e^- \rightleftharpoons 2\,Br^-$	1,07
$O_2 + 4\,H^+ + 4\,e^- \rightleftharpoons 2\,H_2O$	1,23
$Cl_2 + 2\,e^- \rightleftharpoons 2\,Cl^-$	1,36
$Cr_2O_7^{2-} + 14\,H^+ + 6\,e^- \rightleftharpoons 2\,Cr^{3+} + 7\,H_2O$	1,36
$BrO_3^- + 6\,H^+ + 6\,e^- \rightleftharpoons Br^- + 3\,H_2O$	1,44
$Ce^{4+} + e^- \rightleftharpoons Ce^{3+}$	1,61
$MnO_4^- + 8\,H^+ + 5\,e^- \rightleftharpoons Mn^{2+} + 4\,H_2O$	1,52

Zusammenfassend kann man sagen, daß das Oxidations- oder Reduktionsvermögen sich durch die Größe des elektrischen Potentials E angeben läßt, das eine in die Lösung getauchte, nicht mitreagierende, inerte Elektrode gegenüber der Normalwasserstoffelektrode annimmt. Je positiver das Normalpotential E^0 ist, desto stärker oxidierend wirkt die oxidierte Form des Redoxpaares, je negativer es ist, desto stärker reduzierend wirkt die reduzierte Form des Redoxpaares.

Sind an der Redoxreaktion Protonen beteiligt wie z.B. beim Mangan-Permanganat-System 8 H^+, geht die Aktivität der Protonen als $a^8(H^+)$ in die Nernstsche Gleichung ein. Durch Umformen entsteht aus dem Exponenten 8 der Faktor 8. Daher ist der Beitrag der Protonen beim Permanganat-System gleich 0,059· 8 · pH. Auch beim Dichromatsystem ist dies der Fall, nicht jedoch bei Iod-Iodid und bei Fe^{2+}-Fe^{3+}. Beim Permanganat- und Dichromat-System können sich deswegen pH-Wert-Änderungen im Redoxpotential stark bemerkbar machen (s. Bild 3-21).

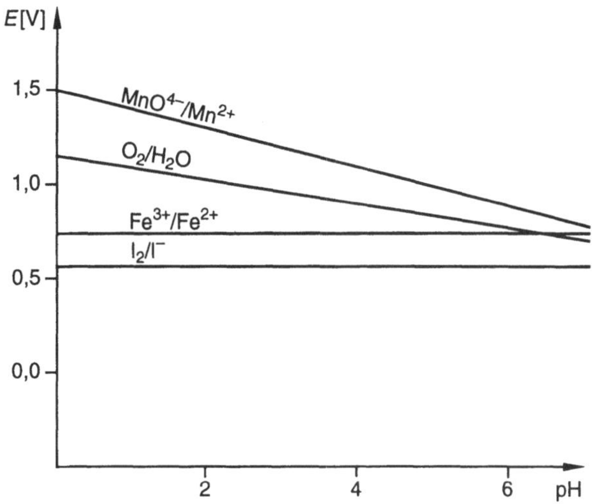

Bild 3-21 pH-Wert-Abhängigkeit von Redoxpotentialen

Analog zum Neutralisationsäquivalent, in dem die Anzahl der ausgetauschten Protonen entscheidend ist, gibt es ein Redoxäquivalent. Reduktions- und Oxidationsmittel reagieren im Verhältnis von Gewichtsmengen miteinander, die sich aus den Molmassen, dividiert durch die Zahl der ausgetauschten Elektronen, ergeben. Man erhält die Redoxäquivalentgewichte. Wie stets bei Redoxvorgängen, muß die genaue Reaktion zum Berechnen der Äquivalentgewichte definiert werden.

Einige Beispiele gibt Tabelle 3-10.

Tabelle 3-10 Redoxpaare und die Zahl ausgetauschter Elektronen

Redoxpaar	Anzahl ausgetauschter Elektronen
$Cr_2O_7^{2-} \rightleftharpoons Cr^{3+}$	6
$MnO_4^- \rightleftharpoons Mn^{2+}$	5
$2\,S_2O_3^{2-} \rightleftharpoons S_4O_6^{2-}$	2
$I^- \rightleftharpoons I$	1

Für das Verständnis der Redoxanalyse muß man zum Aufstellen von Redoxgleichungen in der Lage sein. Um eine Redoxgleichung zu formulieren, stellt man zunächst getrennt Teilgleichungen für die Oxidation und für die Reduktion auf. Die Oxidationsstufen bestimmen die Anzahl der ausgetauschten Elektronen. Dann werden so viele H^+- und OH^--Ionen zugefügt, daß Ladungsausgleich eintritt. Die vollständige Gleichung bildet man danach mit Hilfe der kleinsten gemeinsamen Vielfachen der Elektronenzahlen. Schließlich addiert man die Teilgleichungen. Ändert das Oxidations- oder Reduktionsmittel seinen Wasserstoff- oder Sauerstoffgehalt, wird bei der Reaktion in saurer Lösung auf der Oxidationsseite mit H^+ und e^-, auf der Reduktionsseite mit H_2O, in alkalischer Lösung auf der Oxidationsseite mit H_2O und e^-, auf der Reduktionsseite mit OH^- bilanziert. Die Anzahl der Atome jedes Elements sowie die Anzahl der Ladungen muß auf beiden Seiten übereinstimmen. Ionengleichungen enthalten gegenüber Stoffgleichungen keine überflüssigen Fremdteilchen, sie sind daher vorzuziehen.

3.4.1.3 Titrationskurven

Analog der Neutralisationsanalyse ändert sich bei der Redoxanalyse am Äquivalenzpunkt das Redoxpotential sprunghaft, weil auch hier die Konzentration eines Reaktionspartners gegen Null geht. Die Höhe dieses Sprunges bestimmt analog der Neutralisationsanalyse die Genauigkeit der Bestimmung. Sie wird von der Potentialdifferenz der beteiligten Redoxsysteme beeinflußt. Das Redoxpotential selber wird, wie schon erwähnt, aber nicht immer nur vom Redoxsystem, sondern häufig auch vom pH-Wert bestimmt. Wie man einige Punkte einer Redox-Titrationskurve berechnet, ist an einem Beispiel im Anhang dargestellt.

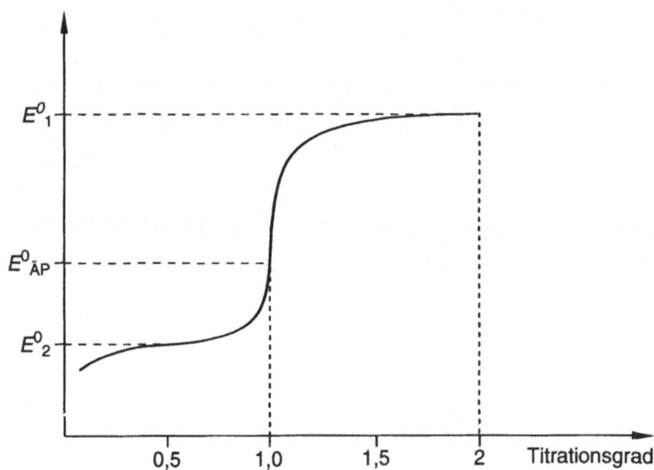

Bild 3-22 Potentialkurve einer Redoxtitration

Wie berechnet man nun Redoxpotentiale, wenn die Anzahl der beteiligten Moleküle a und b gleich ist, und wie, wenn sie verschieden groß ist?

Sind die Zahlen *a* und *b* der am Redoxvorgang

$$a\,Ox_1 + b\,Red_2 \rightleftharpoons b\,Red_1 + a\,Ox_2;\; E^0{}_1\,(Ox_1 \rightleftharpoons Red_1);\, E^0{}_2\,(Ox_2 \rightleftharpoons Red_2)$$

beteiligten Moleküle gleich, hat das Redoxpotential am Äquivalenzpunkt den Wert des arithmetischen Mittels der maßgeblichen Normalpotentiale. In Analogie zum pH-Wert $pH = 1/2 \cdot (pK_1 + pK_2)$ ist hier

$$E_{ÄP} = 1/2\,(E^0{}_1 + E^0{}_2).$$

Für $a \neq b$ ist

$$E_{ÄP} = \frac{a \cdot E_2^0 + b \cdot E_1^0}{a+b}.$$

Bei pH-Wert-abhängigen Reaktionen ist mit *n* Protonen

$$E_{ÄP} = \frac{a \cdot E_2^0 + b \cdot E_1^0 - 0{,}059 \cdot n \cdot pH}{a+b}.$$

In unserem Beispiel beträgt das Potential $E_{ÄP}$ also

$$E_{ÄP} = 1/2\,(0{,}771 + 1{,}61) = 1{,}19\ V.$$

Je stärker sich die Normalpotentiale der beiden Redoxsysteme unterscheiden, desto steiler verläuft die Titrationskurve am Äquivalenzpunkt. $E_{ÄP}$ liegt näher am Standardpotential desjenigen Systems, das mehr Elektronen austauscht.

3.4.1.4 Indikatoren

Zum Erkennen des Titrationsendpunktes gibt es folgende Möglichkeiten:

- Im Fall der Permanganatmethode braucht man *keinen Indikator*, weil die Maßlösung so stark gefärbt ist, daß man sie selbst ohne großen Fehler als Indikator verwenden kann.
- Man kann den Endpunkt aber auch mit Hilfe eines farbigen Indikators anzeigen: Analog zur Neutralisationsanalyse werden Indikatoren verwendet, deren Farbe sich bei Oxidation oder Reduktion ändert. Sie bilden also selbst ein Redoxsystem und haben daher ein Standardpotential.
  Beispiel für einen Redoxindikator ist Ferroin, Ph steht für Phenanthrolin:

  $Fe(Ph)_3{}^{2+} \rightleftharpoons Fe(Ph)_3{}^{3+} + e^-$; sein Standardpotential beträgt $E^0 = 1{,}14$ V.

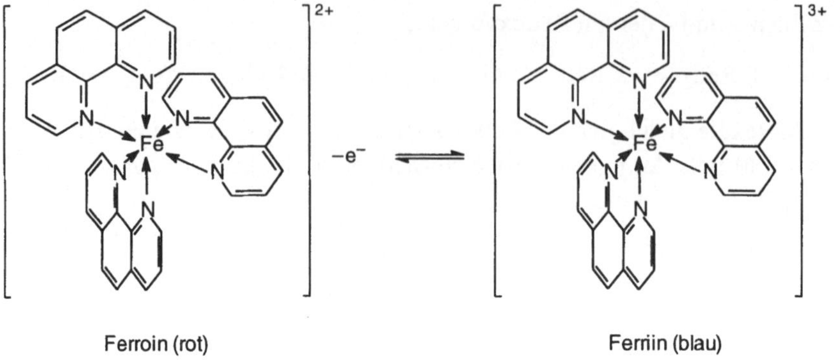

Bild 3-23 Ferroin und Ferriin

Ein weiteres Beispiel für einen Redoxindikator ist Diphenylamin. Im Gegensatz zu Ferroin ist der Redoxprozeß des einfarbigen Diphenylamins nicht reversibel, da seine Oxidation über mehrere Stufen geht, von denen eine irreversibel ist.
Schließlich ist unter den Indikatoren noch Methylenblau zu nennen, welches durch Reduktion in die farblose Leukobase übergeht (sein Normalpotential bei pH = 7 beträgt $E^0 = 0{,}53$ V).

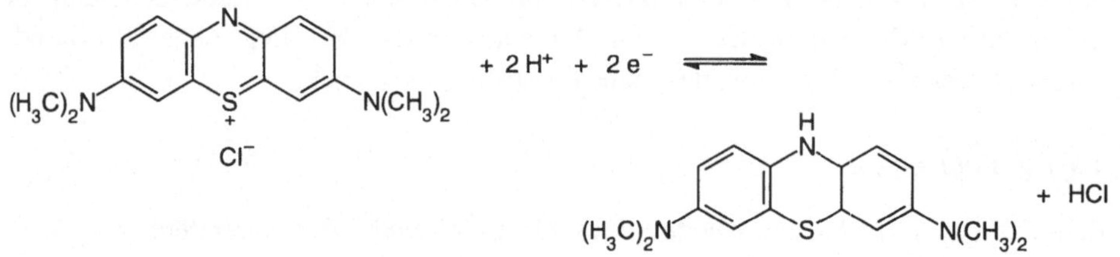

Bild 3-24 Methylenblau

Das Umschlagsintervall eines Redoxindikators muß im Bereich des Potentialsprunges der Titration liegen. Es gibt jedoch auch Indikatoren, bei denen unübersichtliche Veränderungen eintreten. Eine Ausnahme ist Stärke als Indikator für die Iodometrie, denn sie ist kein Redoxindikator, da sie an der Redoxreaktion nicht teilnimmt (s. Kap. 3.4.2.2).

- Steht schließlich kein brauchbarer Indikator zur Verfügung, kann das Redoxpotential, wie der pH-Wert bei der Säure-Base-Bestimmung, während der Titration gemessen werden. Am Wendepunkt der Redoxkurve liegt der Äquivalenzpunkt.

Fehler bei der Bestimmung sind bei Redoxanalysen häufiger als bei der Neutralisationsanalyse, denn Spuren oxidierbarer Fremdteilchen, etwa Staub oder organische Bestandteile, sind z.B. bei Kaliumpermanganat als Maßlösung nur schwer zu vermeiden.

3.4.2 Bestimmungsverfahren

3.4.2.1 Manganometrie

Die oxidative Wirkung des Permanganats richtet sich nach dem pH-Wert der Titrationslösung. In saurer Lösung wird es am häufigsten verwandt. Die Grundgleichung lautet

$$MnO_4^- + 8\ H^+ + 5\ e^- \rightleftharpoons Mn^{2+} + 4\ H_2O.$$

Mangan durchläuft also 5 Oxidationsstufen, $z = 5$.

Im viel selteneren Fall, daß in schwach saurer oder alkalischer Lösung titriert wird, lautet die Umsetzungsgleichung

$$MnO_4^- + 4\ H^+ + 3\ e^- \rightleftharpoons MnO_2 + 2\ H_2O.$$

Hier werden nur 3 Oxidationsstufen durchschritten.

Herstellen einer Permanganat-Maßlösung

Permanganatlösungen verlangen gewissenhafte Herstellung und Vorkehrungen für die Aufbewahrung. Das Oxidationspotential ist hoch, geringe Verunreinigungen in der Ansatzlösung können den Titer wesentlich sinken lassen. Zweiwöchiges Stehenlassen vor einer Titerbestimmung ist ratsam, notfalls genügt mehrstündiges Erhitzen auf dem Wasserbad. Der entstehende Braunstein muß unbedingt mit Hilfe einer Glasfilternutsche (nicht einen Papierfilter verwenden!) abgetrennt werden, denn er katalysiert die weitere Zersetzung.

Einstellen der Permanganat-Maßlösung

Als Urtiter eignet sich am besten Natriumoxalat. Es enthält kein Kristallwasser, läßt sich also gut bei 230 bis 250 °C im Trockenschrank von möglicher Feuchtigkeit trennen. Die Zersetzung beginnt erst bei über 330 °C. Es nimmt weder Wasser noch CO_2 noch Ammoniak auf. Sollte Carbonat oder saures Oxalat enthalten sein, kann man mit 0,01 N-HCl bzw. NaOH gegen Phenolphthalein titrieren und umkristallisieren. Sulfat und Chlorid lassen sich durch Fällen in saurer Lösung erkennen, organische Verunreinigungen durch Bräunung des so verunreinigten Oxalats in staubfreier, konzentrierter Schwefelsäure.

Die Oxidationsreaktion mit Permanganat läuft bei der Bestimmung langsam an, denn entstehendes Mn^{2+} kann mit MnO_4^- komproportionieren:

$$MnO_4^- + 4\ Mn^{2+} + 8\ H^+ \rightleftharpoons 5\ Mn^{3+} + 4\ H_2O$$

Erst das Mn^{3+} wirkt induzierend und beschleunigt die Reaktion.

Am Endpunkt ist die Lösung sehr schwach rosa gefärbt, diesen Mehrverbrauch könnte man – wie beim Indikatorfehler beschrieben – korrigieren. Ohne diese aufwendige

Korrektur kann man mit einem „Indikatorfehler" von etwa 0,1% rechnen. Das entstehende Mn^{2+} ist so schwach gefärbt, daß die Färbung schon in mäßig verdünnten Lösungen nicht mehr sichtbar ist. Eine schwache Rosafärbung am Äquivalenzpunkt verschwindet allmählich, was nicht unbedingt auf organische Verunreinigungen zurückzuführen ist, denn auch das Mn^{2+} reduziert das Permanganat langsam.

Als weiterer Urtiter kommt reines Eisen in Frage. Die Methode ist etwas umständlich, liefert aber sehr genaue Ergebnisse. Reinstes Eisen ist im Handel erhältlich. Es wird durch Zersetzung von Eisenpentacarbonyl gewonnen und unter Luftausschluß (in einem Kolben mit Bunsenventil) in Schwefelsäure gelöst.

Folgende Stoffe können permanganometrisch bestimmt werden:

Fe^{2+}, Mn^{2+}, Ca^{2+} (mit Oxalsäure), H_2O_2, Nitrit, Oxalsäure, Ameisensäure, Formaldehyd.

Die erste maßanalytische Anwendung des Permanganats war die Bestimmung zweiwertigen Eisens (MARGUÉRITE, 1846). Die Bestimmung von Eisen in salzsaurer Lösung verläuft überraschenderweise anders, als es die einfache Gleichung

$$MnO_4^- + 5\,Fe^{2+} + 8\,H^+ \rightleftharpoons Mn^{2+} + 5\,Fe^{3+} + 4\,H_2O$$

angibt. Eine Titration ist ohne weitere Vorsichtsmaßnahmen nicht machbar, weil ein erheblicher Mehrverbrauch an Maßlösung durch Oxidation des Chlorids zu Chlor entsteht.

Eisen läßt sich aber dann sehr genau bestimmen, wenn man zwei Störfaktoren, die Oxidation des Chlorids in salzsauren Lösungen und die Eigenfarbe des Fe^{3+}, durch die sog. REINHARDT-ZIMMERMANN-Lösung[1] beseitigt:

Die Oxidation des Chlorids findet auch in eisenfreier Lösung nicht statt, obwohl sie möglich wäre, denn das Normalpotential des Systems $Cl_2/2\,Cl^-$ liegt niedriger (+1,36 V) als das des Manganatsystems (+1,52 V). Die Oxidation scheint gehemmt; vielleicht, weil Chlor*gas* entsteht und seine Überspannung die Oxidation verhindert. Das Potential des Fe^{3+}/Fe^{2+}-Systems beträgt 0,77 V. Der beabsichtigten Reaktion sind weitere Maßnahmen förderlich:

Das Redoxpotential E wird nach der Gleichung

$$E = E^0 + \frac{0{,}059}{2} \cdot \log \frac{a(MnO_4^-) \cdot a^8(H^+)}{a(Mn^{2+})}$$

durch Erhöhen von $a(Mn^{2+})$ aus der Reinhardt-Zimmermann-Lösung herabgesetzt.

---

[1] Zusammensetzung: 65 g $MnSO_4 \cdot 4\,H_2O$, 140 ml 85prozentige Phosphorsäure, 130 ml konzentrierte Schwefelsäure zu 1 l wässriger Lösung. Die Lösung findet man auch unter der umgekehrten Bezeichnung ZIMMERMANN-REINHARDT-Lösung.

Der zweite Störfaktor, die Eigenfarbe des Fe^{3+}, wird durch die Phosphorsäure in der Reinhardt-Zimmermann-Lösung beseitigt: Sie bildet mit dem Fe^{3+} einen farblosen Komplex. Da Fe^{3+} aus dem Reaktionsgemisch verschwindet, ändert sich auch das Redoxpotential des Systems $Fe^{2+} \rightleftharpoons Fe^{3+}$ vorteilhaft und erleichtert dadurch die Oxidation des Fe^{2+}.

Für einen zehnfachen Überschuß an MnO^{4-} beträgt das Potential der Lösung bei pH = 1

$$E = 1{,}52 + \frac{0{,}059}{5} \cdot \log \frac{a(\mathrm{MnO_4^-}) \cdot a^8(\mathrm{H^+})}{a(\mathrm{Mn^{2+}})} .$$

Schon hier erkennt man an $a^8(H^+)$ die pH-Wert-Abhängigkeit des Potentials. Berechnen wir es:

$$E = 1{,}52 + 0{,}0118 \cdot \log \frac{10^{-2} \cdot (10^{-1})^8}{10^{-3}} = 1{,}52 + 0{,}0118 \cdot (-7) = 1{,}437 \text{ V}.$$

Für pH = 5 aber ist

$$E = 1{,}52 + 0{,}0118 \cdot \log \frac{10^{-2} \cdot (10^{-5})^8}{10^{-3}} = 1{,}52 + 0{,}0118 \cdot (-39) = 1{,}06 \text{ V}.$$

Man sieht, wie sehr das Oxidationspotential vom pH-Wert abhängig ist.

3.4.2.2 Iodometrie

DUPASQUIER versuchte 1840 die erste iodometrische Bestimmung von schwefliger Säure. BUNSEN arbeitete 1853 die Methode systematisch aus. Von SCHWARZ stammt aus dem gleichen Jahr das Natriumthiosulfat, das die schweflige Säure ersetzte und sich bekanntlich bis heute als Reagens erhalten hat.

Die Beliebtheit der Iodometrie, verglichen mit Permanganat-Maßlösungen, liegt wohl u.a. an der besseren Stabilität, der übersichtlicheren Umsetzung bei einfacher Stöchiometrie und den, verglichen mit der Cerimetrie, preiswerten Substanzen.

Die Grundgleichung der Iodometrie lautet:

$$I_2 + 2\,e^- \rightleftharpoons 2\,I^- .$$

Man kann das Gleichgewicht in beide Richtungen verschieben und so zwei Methoden zu analytischen Zwecken verwenden. Möglich ist sowohl die Bestimmung eines Reduktionsmittels mit Iod, das dabei reduziert wird, als auch die eines Oxidationsmittels, das aus Iodid Iod freisetzt. Dieses wird dann bestimmt.

Welche Richtung die Reaktion nimmt, hängt, wie immer bei der Redoxanalyse, vom Redoxpotential der beteiligten Systeme und vom pH-Wert bei der Umsetzung ab. Das Iod/Iodid-System hat ein Redoxpotential von 0,54 V. Dieser Wert liegt ziemlich genau in der Mitte der Spannungsreihe, ein Vorteil, der die verbreitete Anwendung der Methode erklärt.

Kombiniert man die beiden Reaktionsrichtungen mit Titrationsarten wie Rücktitration, Substitutionstitration oder indirekter Titration, kann man die folgenden iodometrischen Methoden unterscheiden:

- direkte Bestimmung von freiem oder freigesetztem Iod,
- indirekte Bestimmung des durch ein Oxidationsmittel aus Iodid freigesetzten Iods,
- direkte Bestimmung eines Reduktionsmittels durch Bestimmung unverbrauchten Iods und
- Bestimmung un
- verbrauchten, ggf. aus Periodat freigesetzten Iods nach Additions-, Substitutions- oder Spaltungsreaktionen an organischen Stoffen.

Iod-Maßlösung

Wasser löst Iod nur sehr begrenzt: In 100 g lösen sich nur 0,022 g. Iodidionen können Iod aber zum Kaliumtriiodidkomplex $K[I_3]$ binden, wodurch sich Iod sehr viel besser „löst". Daher nannte man früher die Iodlösung auch „Jod-Jodkali-Lösung", heute sagt man besser Iod-Kaliumiodid-Lösung. Bei höheren Konzentrationen bilden sich auch Kaliumpolyiodide. Kaliumtriiodid wurde schon von JOHNSON 1877 rein hergestellt und heißt daher auch manchmal Johnsons Salz. Das Iod ist in Polyiodiden so schwach gebunden, daß es bei chemischen Reaktionen aller Art leicht abgegeben wird. Daher darf man auch von Iod-Lösung sprechen. Schließlich hat das Iod im elementaren Zustand einen beträchtlichen Dampfdruck und ein ungeliebtes Penetrationsvermögen, z.B. durch lipophile Flaschenverschlüsse, was man den Regalböden, auf denen das Iod steht, auch ansieht. In Form seines Komplexes erniedrigt sich sein Dampfdruck ganz erheblich, so daß beim Abwiegen oder -messen kein Iod entweichen kann.

Herstellen einer Iod-Maßlösung

Zum Herstellen einer Iodlösung löst man stets zuerst das Kaliumiodid in Wasser und gibt dann erst das Iod hinzu. Beim Abwiegen von Iod sollte man darauf achten, nichts zu verkrümeln: Kleine Partikeln geben sich bald durch einen braunen, durch Ioddampf verursachten Fleck zu erkennen. Abgesehen von der Oxidationswirkung verfärbt Iod außerdem auch die Haut und penetriert sie! Manche Menschen reagieren auf Iod allergisch.

Es lohnt nicht die Mühe, eine stöchiometrische Menge von z.B. genau 12,690 g reinen Iods abzuwiegen, zumal eben vom elementaren Iod etwas verdampft. Man wiegt lieber 13 g gewöhnlichen Iods (aus dem Handel) auf der Schnellwaage ab, löst 20 bis 25 g Kaliumiodid in etwa 30 ml Wasser und füllt zu 1 l etwa 0,1 N-Iodlösung auf. Diese stellt man dann genau ein.

Iodlösung wird auch zur Wasserbestimmung, der KARL-FISCHER-Titration, eingesetzt. Das Iod ist Bestandteil einer komplizierten Zusammensetzung der Maßlösung, die außer Iod noch Schwefeldioxid und Imidazol als Base enthält. Alles wird in einem Gemisch verschiedener Alkohole gelöst. Grundlage ist hier die sog. Bunsen-Reaktion (die historische Verwendung von Iodlösung): Schwefeldioxid resp. schweflige Säure und Iod reagieren nur in Gegenwart von Wasser zu Sulfat und Iodid. Von den drei Komponenten Schwefeldioxid, Iod und Wasser kann man also eine von ihnen mit Hilfe der beiden anderen bestimmen.

Einstellen der Iodlösung

Am besten gelingt die Einstellung mit Arsentrioxid; seine relative Äquivalentmasse ist 49,460. Man kauft es rein oder reinigt es durch Sublimation. Das Oxid löst sich in Wasser zum Arsenit AsO_3^{3-}, das mit Iod reagiert:

$$AsO_3^{3-} + I_2 + H_2O \rightleftharpoons AsO_4^{3-} + 2\,H^+ + 2\,I^-$$

Besser löst man Arsentrioxid aber in Natronlauge, von der dann ein aliquoter Teil mit Schwefelsäure angesäuert wird. Die Redoxpotentiale des Arsenoxid- und des Iod-Iodid-Systems sind in schwach saurer Lösung ähnlich, $E^0(AsO_3^{3-}/AsO_3^{4-}) = 0{,}560$ V, $E^0(I/I^-) = 0{,}540$ V, so daß sich ein Gleichgewicht einstellt, das durch Vermindern des pH-Werts nach rechts, zur Iodidseite, verschoben werden kann. Am besten verwendet man Hydrogencarbonat (nicht NaOH oder Na_2CO_3, die selbst mit Iod reagieren) als Puffer. Während das Redoxpotential des Systems Iod-Iodid nur anfänglich mit dem pH-Wert etwas ansteigt und dann nahezu konstant bleibt, sinkt das Potential des As^{3+}-As^{5+}-Systems laufend ab.

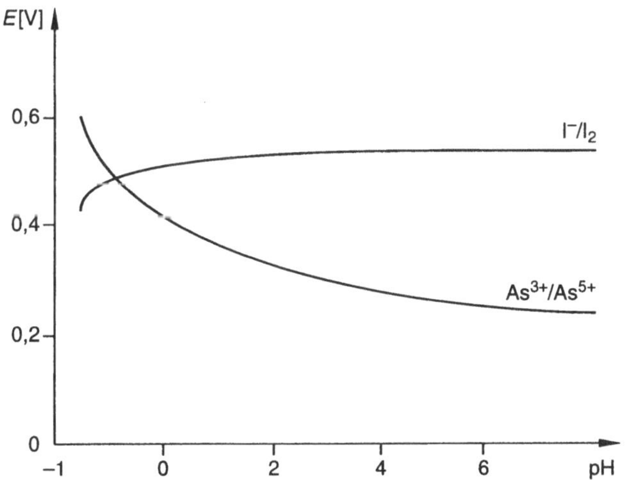

Bild 3-25 Abhängigkeit der Redoxpotentiale des Iod/Iodid- und des As^{3+}-As^{5+}-Systems vom pH-Wert

Man sollte nicht im stärker sauren Bereich titrieren, da sich die Redoxpotentiale hier einander annähern und die Umsetzung dann unvollständig werden kann. Der pH-Wert sollte zwischen 5 und 8 liegen, was mit Natriumhydrogencarbonat zu realisieren ist. Da mit der einzustellenden Iodlösung titriert wird, gibt man Stärke als Indikator zu Titrationsbeginn zu, damit man den Endpunkt nicht verpaßt. In stark saurer Lösung oxidiert Arsenat das Iodid zu Iod.

Eine frisch angesetzte Iodlösung sollte erst nach einiger Zeit eingestellt werden, der Titer verändert sich am Anfang am stärksten. Auch später ist eine Titereinstellung von Zeit zu Zeit ratsam.

Der Gegenspieler: Natriumthiosulfat-Maßlösung

Zur Kontrolle der Thiosulfatlösung verwendet man am besten eingestellte Iodlösung. Natriumthiosulfat wird durch Iod zu Natriumtetrathionat oxidiert:

$$2\ S_2O_3^{2-} + I_2 \rightleftharpoons S_4O_6^{2-} + 2\ I^-$$

Die Thiosulfat-Maßlösung ist nicht lange haltbar, sie wird durch CO_2 und O_2 aus der Luft (unter Kupferkatalyse) sowie durch Bakterien zersetzt, die Schwefel unter Sulfitbildung entziehen. Auch Licht sollte nicht länger als nötig einwirken. Ein Natriumcarbonatzusatz, etwa 0,2 g/l, steigert nach anfänglichem Absinken des Normalfaktors die Haltbarkeit für Monate, weil es CO_2 als HCO^{3-} bindet und Kupferionen ausgefällt werden.

Natriumthiosulfat kann durch mehrmaliges Umkristallisieren gereinigt werden, so daß es, gelöst in entgastem Wasser, auch als Urtiter für eine Iodlösung in Frage kommt. 248,2 g ergeben 1 Liter 0,1 N-Maßlösung.

Die o.g. Umsetzung zu Tetrathionat erfordert neutrale bis schwach saure Lösungen. Der pH-Wert sollte 7,6, bei 0,01 N-Iodlösungen 6,5 nicht überschreiten. Das Thiosulfat-Tetrathionat-System hat für die Reduktion das Potential $E^0 = 1{,}7$ V.

Alkalische Lösungen lassen Sulfat entstehen:

$$S_2O_3^{2-} + 4\ I_2 + 10\ OH^- \rightleftharpoons 2\ SO_4^{2-} + 8\ I^- + 5\ H_2O$$

Im Gegensatz zur Umsetzung im schwach sauren Bereich werden hier statt einem Äquivalent 8 Äquivalente Iod benötigt.

Alkalische Iodlösungen enthalten IOH und haben daher ein höheres Oxidationspotential. Diese Einschränkung gilt aber nur für den Fall, daß man die alkalische Iodlösung *vorlegt* und diese mit Thiosulfat titriert. Benutzt man dagegen eine alkalische Iodlösung *zum Titrieren*, wird das Iod vom großen Überschuß Thiosulfat abgefangen, bevor es unerwünschte Reaktionen eingehen kann.

In schwach saurer Lösung kann man Natriumthiosulfatlösung auch mit Kaliumiodat einstellen. Dazu setzt man aus Kaliumiodat mit überschüssigem Iodid Iod frei, das mit der einzustellenden Thiosulfatlösung titriert wird. Kaliumiodat ist durch Umkristallisieren aus Wasser leicht zu reinigen und kann bei 180 °C völlig getrocknet werden. Die relative Äquivalentmasse von 35,667 ist 1/6 der Molekülmasse, da nach

$$IO_3^- + 5\ I^- + 6\ H_3O^+ \rightleftharpoons 3\ I_2 + 9\ H_2O$$

6 Äquivalente Iod freigesetzt werden. Für eine 0,1 N-Urtiterlösung löst man z.B. 3,567 g zu 1 l Lösung, die noch 5 bis 10 g Kaliumiodid enthält. Die mit Salz- oder Schwefelsäure angesäuerte Lösung wird mit der einzustellenden Thiosulfatlösung gegen Stärke titriert. Kaliumiodatlösung ist haltbar.

Der Indikator Stärke

Stärke ist ein natürliches Polysaccharid aus Glucoseeinheiten, die 1,4-α-glycosidisch und 1,6-α-glycosidisch verknüpft vorkommen. Ersteres Makromolekül, Amylose genannt, ist linear, letzteres, Amylopektin, ist verzweigt aufgebaut. Nur die linearen Moleküle können eine Helix bilden, die Iod als I_5-Einheit in ihrem inneren Kanal, als Clathrat, einschließt und ein Absorptionsmaximum bei 620 nm hat, wodurch die Einschlußverbindung blau aussieht. Die linearen Ketten enthalten etwa 15 Iodatome mit einem I-I-Abstand von 0,360 nm.

Iodid ist für die Bildung der I_5-Polyiodionen nötig.

Die Iod-Stärke-„Verbindung" ist ein sehr empfindlicher Indikator, der noch in einer Grenzkonzentration von 10^{-5} mol/l als Blaufärbung sichtbar ist. Man verwendet zum Herstellen einer Stärkelösung am besten „Lösliche Stärke", womit Amylose gemeint ist. Sie wird mit kaltem Wasser angerieben und in siedendes Wasser gegeben, aufgekocht und filtriert. Man kann zur Konservierung 0,1 mg/ml Quecksilberiodid zugeben. Unkonserviert neigt Stärkelösung zu mikrobiellem Verderb, es bilden sich Niederschläge oder Trübungen. Amylopektin ergibt mit Iod eine viel schwächer gefärbte, rötliche Verbindung. Die Empfindlichkeit der Färbung nimmt mit der Temperatur stark, durch Alkohol, Glycerin und Zucker mäßig ab. Wegen der hohen Empfindlichkeit ist die Korrektur eines Indikatorfehlers unnötig.

Wird mit Iodlösung titriert, setzt man Stärkelösung zu Titrationsbeginn zu; wird mit Thiosulfatlösung titriert, setzt man Stärkelösung erst zu, sobald die Lösung nur noch schwach gelb gefärbt ist. Nach Indikatorzusatz muß sie dann sofort tiefblau bis schwarz erscheinen. Ein gleich zu Anfang zugesetzter Indikator würde die gesamte Lösung tiefschwarz färben, wodurch man den Äquivalenzpunkt nicht „kommen sieht".

Bromometrie

Unter *Bromometrie* versteht man im allgemeinen eine maßanalytische Bestimmungsmethode, die anstelle einer Iodlösung eine entsprechende Bromlösung benutzt. Diese ist aber praktisch ungebräuchlich, weil es nicht gelingt, Brom in wässriger Lösung ausreichend zu stabilisieren.

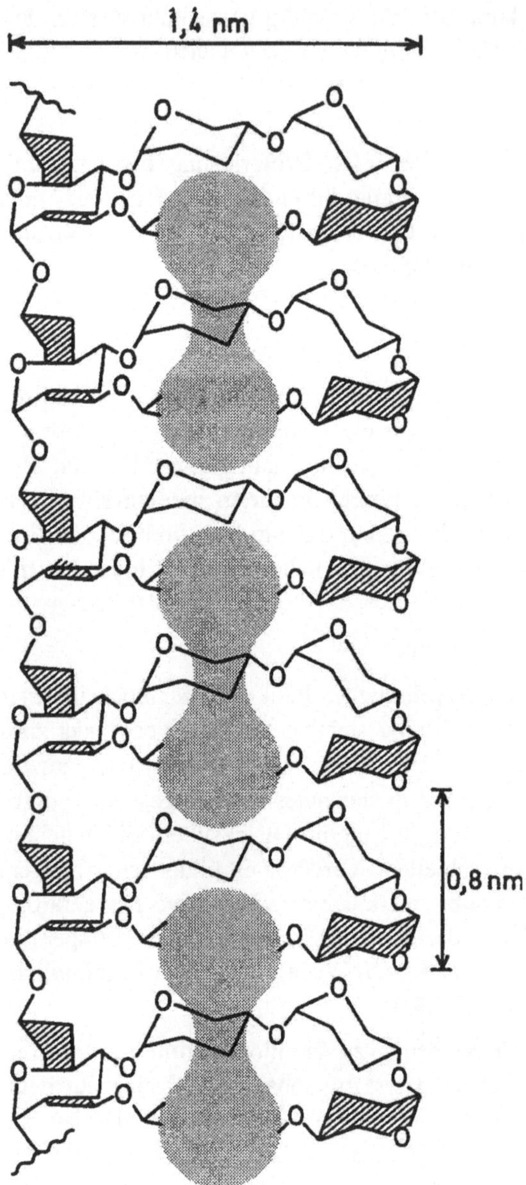

Bild 3-26 Die Einlagerungsverbindung von Iod in Amylose

3.4.2.3 Bromatometrie

Aus Kaliumbromat kann man mit Bromid Brom erzeugen. Das maßanalytische Verfahren heißt deshalb *Bromato*metrie. Die Grundgleichung der Bromerzeugung durch Synproportionierung lautet

$$BrO_3^- + 5\,Br^- \rightleftharpoons 3\,Br_2.$$

Die Reaktion entspricht der Reaktion des Iodats mit Iodid. Dieses Bestimmungsverfahren ist interessant, weil Brom nicht nur in gleicher Weise wie Iod als Oxidationsmittel eingesetzt werden kann, sondern als elektrophil substituierend (in einer S_E-Reaktion) und an Doppelbindungen addierend als wirksames Agens für organische Stoffe sehr geeignet ist.

Die Grundgleichung der Bromatometrie lautet

$$BrO_3^- + 5\,Br^- + 6\,H_3O^+ \rightleftharpoons 3\,Br_2 + 9\,H_2O.$$

Das Redoxpotential beträgt $E^0 = 1{,}44$ V.

Kaliumbromat-Maßlösung

Kaliumbromat ist selbst eine Urtitersubstanz, eine unbekannte Lösung kann aber in stark salzsaurer Lösung gegen Arsentrioxid eingestellt werden. Kaliumbromat kann man aus Wasser umkristallisieren und bei 180 °C trocknen. Da leicht etwas Bromid am Kristallisat zurückgehalten wird, prüft man nach Ansäuern mit Schwefelsäure auf Entfärbung eines Tropfens einer 0,1prozentigen Methylorangelösung. Die Farbe muß zwei Minuten bestehen bleiben. Wäre Bromid enthalten, würde daraus und aus Bromat Brom entstehen, welches den Farbstoff bromiert und die Lösung dadurch entfärbt.

2,7833 g zu 1 l gelöst ergeben eine 0,1 N-Kaliumbromatlösung, die titerbeständig ist.

Indikatoren der Bromatometrie

Die Eigenfarbe des Broms ist zu schwach, um selbst als Indikator zu dienen. Als Indikatoren kommen daher Farbstoffe in Frage, die *irreversibel* und *langsam* von Bromat oxidiert werden, z.B. Methylorange, Methylrot. Etwas günstiger verhalten sich aber Indikatoren wie *p*-Ethoxychrysoidin, die zunächst unter Farbvertiefung bromiert, später dann zu einer farblosen Azoverbindung oxidiert werden.

Eleganter ist es allerdings, mit einem Bromatüberschuß zu arbeiten und diesen nach Iodidzugabe als Iod zurückzutitrieren.

Nitritometrie

Die Methode benützt eine Natriumnitrit-Maßlösung, die gegen Sulfanilsäure eingestellt wird. Die Nitrit-Maßlösung wird zur Gehaltsbestimmung von primären aromatischen Aminen, hier der Sulfanilsäure, benutzt, die mit NO_2^- nach der Reaktion

$$H_2N{-}C_6H_4{-}SO_3H + HNO_2 + H_3O^+ \rightleftharpoons {}^+N{\equiv}N{-}C_6H_4{-}SO_3H + 3\,H_2O$$

reagiert. Das Reaktionsprodukt stabilisiert sich in mesomeren Formen der Diazoniumsalze, die sich mit Kupplungsprodukten bilden. Den Endpunkt indiziert am besten eine polarisierte Platinelektrode.

3.4.2.4 Cerimetrie

Cer ist ein Element der Seltenen Erden, begleitende andere Erden stören nicht. Man verwendet das Doppelsalz $Ce(SO_4)_2 \cdot 2\,(NH_4)_2SO_4 \cdot H_2O$, kurz „Cersulfat" genannt.

Abgesehen vom Preis haben Cersulfat-Maßlösungen eine Reihe von Vorteilen, vor allem gegenüber Permanganat:

- Sie sind unkompliziert, weil die Oxidation nur über eine Wertigkeitsstufe läuft,
- sie können auch in salzsauren Lösungen eingesetzt werden, da sie Chlorid nicht oxidieren, und
- sie sind selbst bei höheren Temperaturen titerbeständig: Schwefelsaure Lösungen kann man mehrere Stunden lang erhitzen. Bei Zimmertemperatur ändert sich der Titer nur um wenige Promille im Jahr.

Die einfache Grundgleichung lautet

$$Ce^{4+} + e^- \rightleftharpoons Ce^{3+}.$$

Für den Sulfatokomplex des Cers ist $E^0 = 1{,}44$ V. Für salpetersaure Lösungen ist $E^0 = 1{,}61$ V, für salzsaure ist $E^0 = 1{,}70$ V. Damit sind salzsaure Ce^{4+}-Lösungen stärker oxidierend als Permanganatlösungen. Alkalische Cerlösungen sind unbrauchbar, weil Ceroxide ausfallen.

Man kann die Cersulfatlösung gegen Arsentrioxid oder Oxalsäure einstellen.

Das Ce^{4+} ist farblos, zum besseren Erkennen verwendet man deshalb den Redoxindikator Ferroin (s. Kap. 3.4.1.4, s. S. 105).

Dichromatometrie

Die Dichromatometrie ist ein weniger gebräuchliches maßanalytisches Verfahren. Es benutzt das auch als Urtiter einsetzbare Kaliumdichromat. Dieses kann man durch Umkristallisieren aus Wasser und Trocknen bei 130 °C reinigen. Es liefert titerbeständige, unbegrenzt haltbare Maßlösungen, die auch dann verwendet werden können, wenn kleine Mengen Chlorid enthalten sind.

Die Grundgleichung lautet

$$Cr_2O_7^{2-} + 14\ H_3O^+ + 6\ e^- \rightleftharpoons 2\ Cr^{3+} + 14\ H_2O$$

mit dem Normalpotential

$$E^0 = 1{,}36\ V.$$

Die Reaktion Chromat $\rightleftharpoons$ Dichromat

$$2\ CrO_4^{2-} + 2\ H_3O^+ \rightleftharpoons Cr_2O_7^{2-} + 2\ H_2O$$

ist keine Redox-, sondern eine Gleichgewichtsreaktion.

Nachteilig bei einer dichromatometrischen Bestimmung ist, daß das Reduktionsprodukt Cr^{3+} grün ist und dadurch die Endpunktserkennung erschwert.

Dichromat wird vor allem für die Eisenbestimmung in Erzen mit Diphenylamin als Indikator verwendet. Tüpfeln mit Kaliumhexacyanoferrat-(III) $K_3[Fe(CN)_6]$ war früher gebräuchlich und lieferte dank der empfindlichen Reaktion genaue Ergebnisse.

3.4.3 Titrationsvorschriften

3.4.3.1 Bestimmung eines Eisen(II)-salzes, Manganometrie

Etwa 1 g der zu prüfenden Substanz, genau gewogen, wird in 50 ml Wasser gelöst, mit 2 ml konzentrierter Salzsäure und 10 ml REINHARDT-ZIMMERMANN-Lösung versetzt und mit 0,1 N-Kaliumpermanganatlösung bis zum Erscheinen eines Überschusses, also einer leichten Rosafärbung, titriert.

1 ml 0,1 N-Kaliumpermanganatlösung entspricht 0,1 mn(eq) = 5,585 mg Eisen.

3.4.3.2 Bestimmung von Iod und Iodid, Iodometrie

Iod (Ethanolhaltige Iod-Lösung)

Iod und Ethanol sind flüchtig, daher sollte man die Lösung schnell ins Titrationsgefäß, am besten in einen Erlenmeyerkolben mit Schliffstopfen aus Glas, einen Iodzahlkolben, überführen.

Etwa 10 g der Analysenlösung werden genau gewogen. Dazu kann man eine 10-ml-Vollpipette nehmen, die nicht genau bis zur Markierung gefüllt sein muß. Sie dient nur als Entnahmeinstrument. Alternativ kann man die Analysenlösung in einen Meßkolben überführen, auf 100,0 ml mit Wasser auffüllen und daraus 20,0 ml vorlegen. Man erspart sich das Wiegen. Dann werden 20 ml Wasser zugegeben. Diese Lösung wird mit Natriumthiosulfatlösung titriert. Gegen Ende der Titration, möglichst spät, gibt man einige Milliliter Stärkelösung zu und titriert bis zur Entfärbung.

1 ml 0,1 N-Natriumthiosulfatlösung entspricht 0,1 mn(eq) = 12,69 mg Iod.

Iodid (Ethanolhaltige Iod-Lösung)

Die nun folgende Iodidbestimmung benutzt die austitrierte Lösung der Iodtitration. Da bei der Iodidbestimmung das gesamte Iod erfaßt wird, addieren sich Fehler in der Iodbestimmung zu denen der Iodidbestimmung. Man kann daher nur Lösungen verwenden, die sorgfältig titriert worden sind.

Die austitrierte Lösung der Iodbestimmung wird zu 100,0 ml aufgefüllt. 10,0 ml dieser Lösung, also 1/10 der Menge für die Iodbestimmung, werden mit 15 ml Natriumacetatlösung versetzt. Bromwasser wird langsam zugegeben, bis sich die Lösung entfärbt hat und danach durch Bromüberschuß zuerst klar gelblich, dann orange gefärbt ist. Die Menge kann je nach Bromsättigung differieren. Ein Richtwert ist 15 bis 25 ml. Nach kurzer Wartezeit wird verdünnte Ameisensäure bis zur Entfärbung zugegeben. Danach werden etwa 20 mg Natriumsalicylat oder die entsprechende Menge einer Lösung zugegeben und umgeschüttelt. Etwa 1 g Kaliumiodid und 5 ml 6 N-Salzsäure werden zugesetzt, und diese Lösung wird mit 0,1 N-Natriumthiosulfatlösung gegen Stärkelösung w.o. titriert. Der Kaliumiodidgehalt wird nach folgender Formel berechnet:

$$[(b - 0{,}6 \cdot a) \cdot 2{,}767] = \text{Kaliumiodidmenge [mg] im einzelnen Ansatz.}$$

a = Verbrauch 0,1 N-Natriumthiosulfatlösung in [ml] bei der Iodbestimmung
b = Verbrauch 0,1 N-Natriumthiosulfatlösung in [ml] bei der Iodidbestimmung

Chemischer Vorgang:

Das freie Iod wird durch Thiosulfat direkt erfaßt:

$$I_2 + 2\,S_2O_3^{2-} \rightleftharpoons S_4O_6^{2-} + 2\,Na^+ + 2\,I^-$$

Danach wird das gesamte Iodid zu Iod umgesetzt: Die Lösung wird mit Acetat gepuffert, um die entstehenden Protonen abzufangen. Dann wird mit Bromwasser versetzt:

$$3\,Br_2 + I^- + 9\,H_2O \rightleftharpoons IO_3^- + 6\,H_3O^+ + 6\,Br^-$$

Brom oxidiert das Iodid zu Iodat. Dazu sind 6 Äquivalente Brom nötig. Damit die Umsetzung quantitativ abläuft, ist Brom in leichtem Überschuß vorhanden. Um diesen Überschuß zu entfernen, wird der Bromüberschuß zuerst mit Ameisensäure reduziert:

$$Br_2 + HCOOH + 2\,H_2O \rightleftharpoons 2\,H_3O^+ + 2\,Br^- + CO_2\uparrow$$

Die letzten Bromspuren werden mit Salicylat gebunden:

$$3\,Br_2 + 2\,H_2O + \text{Natriumsalicylat} \rightleftharpoons \text{Tribromphenol} + 2\,H_3O^+ + 3\,Br^- + Na^+ + CO_2$$

Natriumsalicylat Tribromphenol

Danach wird Iodid im Überschuß zugegeben. Es setzt im sauren Milieu aus der definierten Iodatmenge Iod frei (Komproportionierung):

$$IO_3^- + 6\,H_3O^+ + 5\,I^- \rightleftharpoons 6\,I\,(3\,I_2) + 9\,H_2O$$

In der Berechnungsformel wird *a*, der Verbrauch bei der Iodbestimmung, von *b*, dem Verbrauch bei der Gesamtiodbestimmung, abgezogen, um nur das Iodid zu erhalten. Der Faktor 0,6 ist das Produkt aus 6 (aus 6 Äquivalenten Iod, die aus IO_3^- entstanden) und 0,1 (durch das Zehntel der aufgefüllten Titrationslösung, den Aliquotierungsfaktor). Das Produkt 2,767 · 6 · 10 ergibt 166,02, die molare Masse von Kaliumiodid.[1]

3.4.3.3 Bestimmung von Nitrit, Cerimetrie

Etwa 0,3 g der zu untersuchenden Substanz, genau gewogen, oder eine äquivalente Menge einer Lösung der Gesamtsubstanz, werden zu 100,0 ml gelöst bzw. aufgefüllt und in die Bürette gegeben. 25,0 ml 0,1 N-Ammoniumcer(IV)-sulfatlösung werden mit der Bürette abgemessen, 15 ml 65prozentige Salpetersäure und 100 ml Wasser werden zugemischt und auf etwa 50 °C erwärmt. Diese Mischung wird mit der Nitritlösung bis zu hellem Gelb titriert. Dann wird Ferroinlösung zugesetzt und bis zum Umschlag nach hellrosa titriert.

1 ml 0,1 N-Ammoniumcer(IV)-sulfatlösung entspricht 0,1 mn(eq) = 2,3004 mg Nitrit, $M_r = 46{,}006$.

25 ml Vorlage entsprechen 57,51 mg Nitrit, enthalten im Verbrauch des Titrators, also der zu bestimmenden Lösung. Man rechnet nun auf die angesetzten 100 ml Nitritlösung um. Danach rechnet man diese Nitritmenge auf die Gesamtanalysensubstanz hoch.

Chemischer Vorgang:

Es handelt sich um eine inverse Titration, weil die Maßlösung vorgelegt wird. Nitrit wird durch Ce^{4+} im Sauren quantitativ zu Nitrat oxidiert:

$$NO_2^- + 2\,Ce^{4+} + 3\,H_2O \rightleftharpoons NO_3^- + 2\,Ce^{3+} + 2\,H_3O^+$$

Erläuterungen:

Um die Bildung schwerlöslicher, basischer Cer(IV)-Salze zu vermeiden, wird in saurer Lösung titriert. Erwärmen erhöht die Reaktionsgeschwindigkeit; in Kälte setzen sich Nitrite nur langsam um. Die Nitritlösung kann aber nicht erwärmt werden, weil dann

[1] Die Formel kann man auch so erkären:
Der Verbrauch bei der Iodbestimmung (*a*), der ja aus der ungeteilten eingewogenen Probenmenge bestimmt wird, muß angepaßt werden. Er wird versechsfacht (6*a*) und durch 10 geteilt (0,6*a*). Jetzt kann man ihn vom Verbrauch *b* abziehen und dann mit dem „Restfaktor“ 2,767 multiplizieren. Dieser Restfaktor entsteht aus der Molmasse des KI (166,02), geteilt durch die Zunahme der Iodmenge durch die Oxidation (6) und durch das Aliquot (10).

Luftsauerstoff Nitrit zu Nitrat oxidieren würde. Daher wird die Titration invers ausgeführt.

Weil der Eisen(II)-Komplex nur schwach gefärbt ist, müssen etwa 90% in der oxidierten Form vorliegen, damit der Farbumschlag zu erkennen ist.

3.5 Gravimetrie

Gravimetrie (von lat. *gravis* = schwer) bedeutet, die Menge eines Stoffes dadurch zu bestimmen, daß man ihn in eine schwerlösliche, definierte Verbindung überführt, also ausfällt, und dann durch Wiegen des Niederschlags die Menge des Stoffes feststellt. Die Methode ist exakt und spezifisch, wenn einige Voraussetzungen erfüllt werden. Sie erfordert allerdings viel Zeit und birgt viele Fehlerquellen. Erste wissenschaftliche Arbeiten zur Gravimetrie stammen von KLAPROTH, Apotheker und Professor der Chemie (1743–1817).

Für eine gravimetrische Bestimmung wird eine spezifische und quantitative Fällung eines stöchiometrisch zusammengesetzten Niederschlags verlangt. Erfüllt dieser die Bedingung nicht, muß man ihn in einen Stoff bekannter Zusammensetzung überführen, was meist durch Trocknen und Glühen geschieht. Mit Hilfe des stöchiometrischen Faktors errechnet man dann den interessierenden Bestandteil. Dieser Faktor ist der Quotient aus der relativen molaren Masse des gesuchten Stoffes und der relativen molaren Masse der gefällten Verbindung. Der Faktor kann, wie in folgendem Beispiel, sogar vom exakten, errechneten Faktor abweichen, also ein *empirischer Faktor* sein: Es soll Blei bestimmt werden, das als Bleichromat gefällt wurde. Der exakte stöchiometrische Faktor zur Berechnung von Blei aus Bleichromat beträgt 207,2/323,2 = 0,6411. Da aber stets Chromationen mitgefällt werden, arbeitet man mit einem empirisch gefundenen Faktor von 0,6401.

Die Tabelle gibt eine Übersicht über gravimetrisch bestimmbare Ionen und ihre Fällungs- und Wägeformen:

Tabelle 3-11 Gravimetrisch bestimmbare Ionen und ihre Wägeform

Ion	Fällungsform	Wägeform
Ca^{2+}	$CaC_2O_4 \cdot H_2O$, Calciumoxalat	$CaCO_3$, Calciumcarbonat oder Calciumoxid
Al^{3+}	$Al(OH)_3 \cdot x\,H_2O$, Aluminumoxidhydrat	Al_2O_3, Aluminiumoxid
Fe^{3+}	Eisen(III)oxid-Hydrat	Fe_2O_3, Eisen(III)oxid
Mg^{2+}	$MgNH_4PO_4 \cdot x\,H_2O$, Magnesiumammonium-phosphat-Hydrat	$Mg_2P_2O_7$, Magnesiumdiphosphat

Durch ihre zwar genaue, doch etwas umständliche Methodik ist die Gravimetrie[1] mehr und mehr in den Hintergrund geraten. Sie wurde von der Maßanalyse allgemein und von der Fällungsanalyse speziell (s. Kap. 3.6, s. S. 128) verdrängt.

3.5.1 Theorie

3.5.1.1 Löslichkeit, Löslichkeitsprodukt und ihre Beeinflussung

Da der zu bestimmende, dissoziierende Stoff AB ausgefällt wird, ist sein *Löslichkeitsprodukt* K_L wichtig. In einer Lösung soll dieser Stoff ungelöst (AB_f), gelöst (AB_l) und dissoziiert (A^+, B^-) vorliegen (s. Bild 3.27).

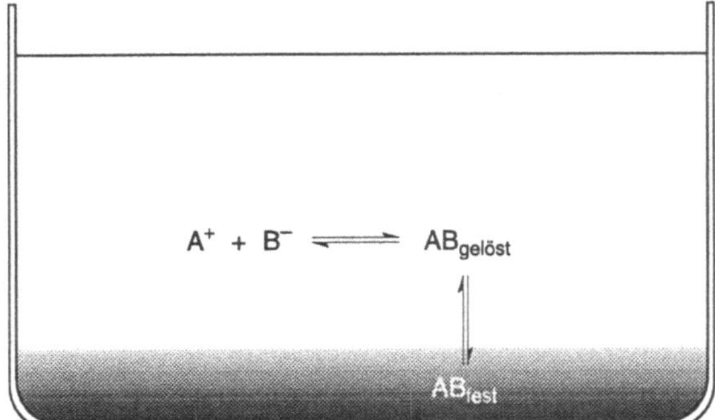

Bild 3-27 Gleichgewichte in einer gesättigten Lösung

Wegen des Bodenkörpers ist die Konzentration von AB_l, geschrieben als $c(AB_l)$, konstant. $c(AB_l)$ ist aber das Produkt aus $c(A^+)$ und $c(B^-)$:

$$\frac{c(A^+) \cdot c(B^-)}{c(AB_l)} = K$$

Das Produkt

$$c(A^+) \cdot c(B^-) = K \cdot c(AB_l) = K_L$$

mit der Dimension [mol²/l²] für einen Stoff, der in zwei Teilchen dissoziiert, heißt Löslichkeitsprodukt von AB.

[1] Im DAB gibt es nur noch eine gravimetrische Bestimmungsmethode, die Bestimmung der Sulfatasche, die eigentlich den Namen „Gravimetrische Methode" nicht mehr verdient, bestimmt doch die Methode die *Summe* aller mineralischen Bestandteile in organischem Material, nicht die Menge einer definierten Verbindung.

Im Fall des Silberchlorids AgCl ist $K_L = 1{,}1 \cdot 10^{-10}$ (bei 25 °C), seine Löslichkeit in der überstehenden Lösung also $1{,}05 \cdot 10^{-5}$ mol/l. Analog zur Wasserstoffionenkonzentration gibt es einen pK_L-Wert. Beim Silberchlorid beträgt er

$$\mathrm{p}K_L = (-1) \cdot \log K_L = 1{,}1 \cdot 10^{-10} \approx 10.$$

Eine Ausfällung setzt dann ein, wenn $c(A^+) \cdot c(B^-) > K_L$ wird. Da der Stoff möglichst quantitativ ausgefällt werden soll, muß K_L einen möglichst kleinen Wert haben. Löslichkeitsprodukte können sich über mehrere Zehnerpotenzen erstrecken. Für die Gravimetrie benutzte Stoffe haben Werte zwischen z.B. $2{,}6 \cdot 10^{-3}$ für Magnesiumhydroxid und $1{,}6 \cdot 10^{-72}$ für Bismutsulfid.

Die molare Löslichkeit L eines Stoffes ist der Quotient aus gelöster Stoffmenge $n(L)$ und dem Volumen der Lösung V:

$$L = \frac{n(L)}{V}$$

Sie kann auch durch das Löslichkeitsprodukt K_L ausgedrückt werden:

$$K_L = c(A^+) \cdot c(B^-);\ \text{für } c(A^+) = c(B^-) \text{ ist}$$

$$K_L = c_2(AB) \text{ und}$$

$$\sqrt{K_L} = c(AB) = \frac{n(AB)}{V} = L.$$

Die Sättigungskonzentration leicht löslicher Salze wird dem bequemeren Umgang zuliebe z.B. als [g/100 g] angegeben. Für schwerlösliche Salze (p$K_L > 0$) hingegen ist es praktischer, das Löslichkeitsprodukt anzugeben, weil Angaben in der Einheit [g/100 g] sehr klein werden können.

Das Löslichkeitsprodukt ist für Fällungen auch dann entscheidend, wenn mit undissoziierten Molekülen gar nicht gerechnet werden kann, weil, wie in den meisten Fällen, starke, vollständig dissoziierte Elektrolyte gefällt werden.

Meist wächst die Löslichkeit mit zunehmender Ionenstärke, d.h. Löslichkeiten steigen mit vorhandenen Fremdionen, weil die Gesetze der Löslichkeit nur für reines Wasser gelten.

Um den Einfluß eines Über- oder Unterschusses gleichartiger Ionen zu verstehen, versetzen wir eine Silbernitratlösung mit Chloridionen und stellen den negativen Logarithmus der Konzentration gelösten Silberchlorids p_{AgCl} gegen den der Chloridionenkonzentration p_{Cl} dar (s. Bild 3-28).

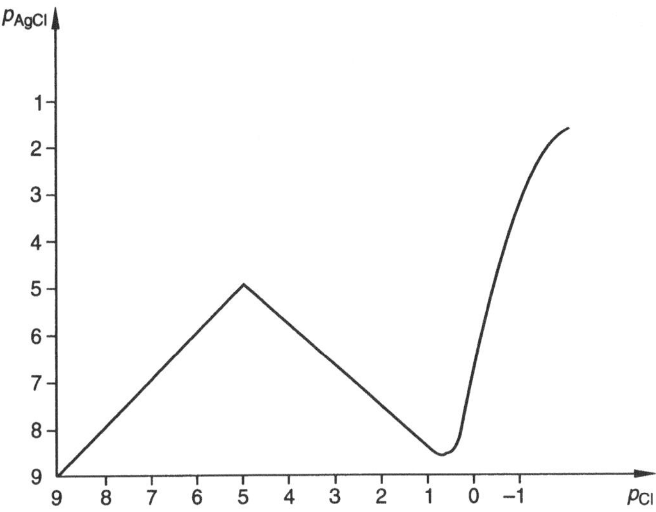

Bild 3-28 Abhängigkeit der Konzentration gelösten Silberchlorids p_{AgCl} von der Chloridionenkonzentration p_{Cl} in doppelt logarithmischer Darstellung

Durch den Überschuß an Silberionen vor dem Äquivalenzpunkt ist die Löslichkeit des AgCl sehr gering (10^{-9} mol/l), steigt aber, je mehr wir uns dem Äquivalenzpunkt bei 10^{-5} mol/l Chlorid nähern. Danach nimmt sie wieder ab, weil nun Chlorid überschüssig ist. In beiden Fällen ist in der Gleichung

$$\frac{c(\mathrm{Ag}^+)\cdot c(\mathrm{Cl}^-)}{c(\mathrm{AgCl}_{\mathrm{gelöst}})} = K$$

der Zähler erhöht, wodurch sich auch $c(\mathrm{AgCl}_{\mathrm{gelöst}})$ erhöhen muß. Da aber $c(\mathrm{AgCl}_{\mathrm{gelöst}})$ mit $c(\mathrm{AgCl}_{\mathrm{fest}})$ durch K_L in fester Beziehung steht, wird die Löslichkeit diesseits und jenseits des Äquivalenzpunktes zurückgedrängt. Am Äquivalenzpunkt ist sie am größten ($c = 10^{-5}$; $p_{Cl} = 5$).

Steigt die Chloridkonzentration durch weiteren Zusatz an, erhöht sich plötzlich die Löslichkeit des AgCl, weil Silberchlorid nun vermehrt komplex in Lösung gehen kann. Ein geringer Überschuß an gleichen Ionen ist also der Fällung förderlich, ein großer Überschuß hier aber schädlich. Diese Verhältnisse gelten für viele Fällungsreaktionen.

Fremdionen dagegen haben einen anderen Einfluß. Um diesen verständlich zu machen, muß vorher der Begriff der *Aktivität* eines Salzes wiederholt (s. Kap. 2.1.7, s. S. 46) werden:

Angaben zur Löslichkeit und damit auch zum Löslichkeitsprodukt gelten selbstverständlich nur für reines Wasser als Lösemittel. Aber nur in seltenen Fällen wird bei einer gravimetrische Bestimmung reines Wasser benutzt, öfter dagegen werden durch den Aufschluß der Probe, spätestens aber beim Fällen, andere Bestandteile die Löslichkeit beeinflussen. Fremdionige Zusätze beeinflussen auf jeden Fall über die Koeffizienten f_A, f_B die Aktivität.

$$K_L = a(A^+) \cdot a(B^-) = c(A^+) \cdot f_A \cdot c(B^-) \cdot f_B = L^2 \cdot f_A \cdot f_B$$

Da $f < 1$ ist, wird durch

$$L = \sqrt{\frac{K_L}{f_A \cdot f_B}}$$

die korrigierte Löslichkeit L gegenüber der unkorrigierten größer. Das bedeutet: Fremdionige Zusätze können die Löslichkeit erhöhen, sind also ein Nachteil.

3.5.1.2 Fällungsgrad

Der Fällungsgrad α ist der Anteil des gefällten Stoffes an der Gesamtmenge des Stoffes. Die Anteile errechnet man aus den Konzentrationen, multipliziert mit den Lösungsvolumina. Ist im Volumen V_a die Anfangskonzentration c_0 und im Volumen V_e die Endkonzentration c_e, so ist der Fällungsgrad

$$\alpha = 1 - \frac{c_e V_e}{c_0 V_a}.$$

Ein vergrößertes Endvolumen vermindert daher den Fällungsgrad.

Gemeinsame Fehlerquelle aller Fällungsanalysen ist, daß es eine absolute Unlöslichkeit nicht gibt. Gerade am Äquivalenzpunkt, der allerdings nur bei der *Maß*analyse genau bestimmt wird, ist die Ausfällung am unvollständigsten.

Fällen

Wir befassen uns jetzt mit dem Fällen. Unser Ziel ist, den gesuchten Stoff in Form einer festen Substanz aus der Lösung zu erhalten, um ihn später wiegen zu können. Dazu muß er abgetrennt werden. Eine spontane Aggregation von Molekülen zu einem Kristallit bedeutet eine Entropieabnahme. Aggregation ist daher zunächst unwahrscheinlich. Es entsteht vielmehr gern eine *Übersättigung*, und zwar um so eher, je reiner die Lösung von Partikeln und anderen „ausgezeichneten“ Stellen der Umgebung ist. Diese Erfahrung kennt jeder präparativ arbeitende Chemiker.

Die Induktionsperiode, die vergehen muß, bis sich spontan die ersten Kristallite bilden, verdient besondere Beachtung, läßt sie doch entweder bei hoher *Keimbildungsgeschwindigkeit* viele (kleine) Kristallite oder bei geringer Geschwindigkeit wenige Kristallite entstehen. Letzterer Fall bedeutet aber, daß nach der Induktionsperiode die kristallisierende Substanz an den (wenigen) Kristalliten wachsen kann. Dadurch vergrößern diese sich und ergeben den gewünschten grobkristallinen, gut waschbaren Niederschlag. Das Verhältnis von Keimbildungsgeschwindigkeit zu *Kristallwachstumsgeschwindigkeit* bestimmt entscheidend die Qualität der Ausfällung. Überlegungen dieser Art sind nicht nur bei der Gravimetrie interessant. Arzneistoffe von heute werden gesteuert ausgefällt, um ihnen die später gewünschten physikalisch-chemischen Eigenschaften, z.B. ihr Auflösungsverhalten, zu geben.

Festzuhalten ist, daß die Kristallwachstumsgeschwindigkeit größer als die Keimbildungsgeschwindigkeit sein soll. Das bedeutet, daß die Übersättigung so gering wie möglich bleiben muß, daß man also zu verdünnter Lösung bei erhöhter Temperatur langsam das Fällungsmittel in verdünnter Lösung zugibt und die Fällung noch eine Weile mit ihrer Mutterlauge in Kontakt stehen läßt. Höhere Temperaturen bewirken zwar eine an sich schädliche, weil gesteigerte Löslichkeit, aber auch eine verringerte Übersättigung.

Entsteht kein Niederschlag, sondern nur eine Trübung, die sich nicht absetzt, kann ein Kolloid (von lat. *colla* = Leim) entstanden sein, ein Phasengemisch mit Teilchengrößen von 10^{-1} bis 10^{-3} µm. Teilchen unter 1 µm sedimentieren nicht mehr, weil sie von der Brownschen Molekularbewegung der Lösungsmoleküle in Schwebe gehalten werden. Sie sind natürlich auch gravimetrisch nicht abtrennbar. Hauptproblem sind die Oberflächenladungen feiner Partikeln, die eine an sich begünstigte Teilchenvereinigung verhindern. Eine Änderung dieser Oberflächenladungen durch geeignete Elektrolyte mit nachfolgender Koagulation nennt man *Aussalzen*.

Ebenfalls zu bedenken ist, daß Teilchen unter 1 µm Größe durch die hohe *Oberflächenenergie*[1] höhere Löslichkeit besitzen. Daher verzögern kleinste Teilchen nicht nur die Niederschlagsbildung, sondern vergrößern auch die Gefahr, beim Waschen nennenswerte Substanzmengen anzulösen.

Übersättigte Lösungen können durch Impfen zum Kristallisieren bewegt werden. Einige zugefügte Kristallkeime, die nicht mit dem zu bestimmenden Stoff identisch sein müssen, induzieren dann die Ankristallisation an diesen Keimen. Reiben an den Gefäßwänden führt zu Zonen, an denen der Stoff gern kristallisiert.

Alterung

Es war schon davon die Rede, daß es vorteilhaft ist, den Niederschlag in Kontakt mit seiner Mutterlauge zu belassen. Dies bewirkt nämlich eine *Rekristallisation*. Darunter versteht man das Bilden besser geordneter und auch größerer Kristalle. Rekristallisation läuft dadurch von selbst ab, daß besonders die energetisch aktiven, weil schlecht geordneten Kristallbezirke bevorzugt in Lösung gehen (s.o.: kleine Teilchen = höhere Löslichkeit) und sich gern an gut geordneten Kristallbezirken in energieärmerer Form anlagern. Voraussetzung dafür ist allerdings eine noch ausreichende Löslichkeit.

Wirkt erhöhte Temperatur auf den gefällten Stoff ein, *Tempern* genannt, fördert verstärkte Beweglichkeit die „rechte Einordnung“ in den Kristall.

---

[1] kleine Teilchen = große spezifische Oberfläche [m²/g]; Oberflächenenergie = Oberfläche · Oberflächenspannung.

Chemische Alterung schließlich bedeutet Modifikationsänderung, also Umorientierung der Moleküle im Kristall mit Energieabgabe. Auch dies ist ein im Sinne der Gravimetrie kristallverbessernder Prozeß.

Mitfällung

Die energetischen Besonderheiten frischer, d.h. unbesetzter, großer spezifischer Oberflächen führen zur *Adsorption* auf den Niederschlagsoberflächen, die sich natürlich auf das später zu messende Gewicht auswirken.

Zu rasches Kristallwachstum, bisher ein Vorzug, kann allerdings auch Teile der Mutterlauge einschließen (*Okklusion*) und dadurch einen Fehler verursachen.

Schließlich ist es auch möglich, daß Fremdatome oder -ionen bei übereinstimmenden Gitterabmessungen in den Kristall eingebaut werden können, man nennt dies *Inklusion*.

Wenn man störende Ionen entfernt, langsam fällt und sorgfältig den Niederschlag wäscht, kann man die beschriebenen Fehler durch Okklusion und Inklusion eindämmen. Von einer Komplexbildung als Fehlermöglichkeit war schon die Rede.

Fällung aus homogener Lösung

Niedrige Konzentrationen der miteinander reagierenden Stoffe begünstigen eine brauchbare Fällung. Daher läßt man das Fällungsmittel langsam unter Rühren zutropfen. Weitaus eleganter ist es aber, das Fällungsmittel molekular verteilt in der Lösung *entstehen* zu lassen. Schwefelwasserstoff als Fällungsmittel kann man z.B. aus Thioacetamid oder Thiocarbamat durch Hydrolyse in der Wärme entstehen lassen, und Ammoniak kann aus Hexamethylentetramin gebildet werden.

Organische Fällungsmittel

Spezifität war ein Vorzug der Gravimetrie im Vergleich zur Maßanalyse. Organische Fällungsmittel begünstigen sie noch, indem manche Fällungsmittel sehr selektiv bestimmte Metalle in *Chelate* einschließen. Dies macht sie auch für die Bestimmung kleiner Mengen besonders geeignet.

Beispiele sind 8-Hydroxychinolin (Oxin), Diacetyldioxim (wegen seiner schlechten Wasserlöslichkeit als 1prozentige alkoholische Lösung verwendet), Natriumtetraphenylborat (Kalignost), Salicylaldoxim, Benzoinoxim (Cupron) und Anthranilsäure.

Weiterhin ist vorteilhaft, daß organische Fällungsmittel oft eine hohe relative molare Masse besitzen, wodurch der stöchiometrische Faktor klein und damit die Bestimmung genauer wird. Nachteilig ist allerdings, daß Fällungen leicht Fremdionen oder das Fällungsmittel selbst an den Oberflächen adsorbieren. Daher soll kein großer Fällungsmittelüberschuß verwendet werden.

Endpunktserkennung

Eine Endpunktserkennung ist bei der Gravimetrie normalerweise nicht nötig, da ein geringer Überschuß des Fällungsmittels den Fällungsgrad erhöht und damit die Fällung vervollständigt.

Filtrieren

Die umgebende Lösung muß vom gefällten Produkt sauber abgewaschen werden, ohne es wieder anzulösen. Dies geschieht am besten auf einem Filter. Zum Filtrieren eignen sich, abhängig von der Feinheit des Niederschlags, Papier- und Porzellanfiltertiegel.

Waschen

Beim Waschen von Niederschlägen geht es darum, die an den Oberflächen der Kristalle anhaftenden Fremdstoffe zu entfernen. Gleichzeitig soll aber das Fällungsprodukt nicht angelöst werden. Da es eine absolute Unlöslichkeit nicht gibt, ist Waschen von Niederschlägen stets von der Gefahr begleitet, niedergeschlagenes Material unzulässigerweise wieder zu lösen. Der Auswahl der Waschflüssigkeit gilt daher besondere Beachtung: Sie soll sich mit der Kapillarflüssigkeit im Kristallbrei mischen und den Niederschlag nicht merklich lösen. Gleichionige Zusätze erhöhen den Fällungsgrad, sie sind daher in der Waschflüssigkeit vorteilhaft. Viele kleine Mengen davon verdrängen abzuwaschende Flüssigkeitsschichten vollständiger als wenige große Mengen. Besteht allerdings die Gefahr der Komplexbildung in der Waschflüssigkeit, wie bei AgCl mit Cl^- im Waschwasser, muß mit Wasser allein gewaschen werden.

Niederschläge sollen auf der Filternutsche niemals trockenlaufen oder trocken gesaugt werden, da der Filterkuchen dann Risse bekommt und die Waschflüssigkeit durch sie am Niederschlag vorbei abläuft.

Trocknen

Getrocknet wird bis zur Gewichtskonstanz im Trockenschrank und im Exsiccator, bis die Gewichte aufeinanderfolgender Wägungen um nicht mehr als ± 0,5 mg voneinander abweichen. Porzellanfiltertiegel muß man vor dem Glühen vortrocknen, sonst bekommen sie Risse.

Glühen

Porzellantiegel werden bei 800 °C und reichlicher Luftzufuhr geglüht und dann im Exsiccator abgekühlt.

3.5.2 Bestimmungsvorschrift

3.5.2.1 Bestimmung der Sulfatasche

Ein Porzellantiegel wird 30 min lang bis zur Rotglut erhitzt und nach dem Erkalten im Exsiccator bis zur Gewichtskonstanz gewogen. Die zu prüfende Substanz wird im Tiegel mit 2 ml 10prozentiger Schwefelsäure versetzt. Der Tiegel wird zunächst auf dem Wasserbad, dann vorsichtig (die Substanz kann spritzen oder überkochen) über offener Flamme und schließlich ansteigend bis etwa 600 °C (im Muffelofen) erhitzt. Das Glühen wird so lange fortgesetzt, bis alle schwarzen Teilchen entfernt sind. Nach dem Erkalten des Tiegels und Zusatz einiger Tropfen 10prozentiger Schwefelsäure wird wie oben beschrieben erhitzt und geglüht. Nach dem Erkalten und Hinzufügen einiger Tropfen Ammoniumcarbonat-Lösung wird abgedampft, sorgfältig geglüht und nach dem Erkalten gewogen. Das Glühen, jeweils 15 min lang, wird bis zur Massekonstanz wiederholt.

Erläuterungen: Unter Asche versteht man die Anteile anorganischer Substanz in Prozent, die beim Verbrennen und anschließenden Glühen einer organischen Substanz zurückbleiben. Die Zusammensetzung dieser Rückstände unterliegt aber je nach angewendeter Temperatur Schwankungen, z.B. durch flüchtige Erdalkalichloride oder zersetzte Erdalkalicarbonate. Verbrennen mit Schwefelsäure führt dagegen zu beständigen und nichtflüchtigen Sulfaten. Dabei können sich aber Pyrosulfate bilden, die durch das Ammoniumcarbonat zu Sulfaten zersetzt werden:

$$S_2O_7^{2-} + 2\,NH_4^+ + CO_3^{2-} + 2\,H_2O \rightleftharpoons 2\,SO_4^{2-} + CO_2\uparrow + 2\,NH_3\uparrow + 2\,H_3O^+$$

3.6 Maßanalytische Fällungsverfahren, Argentometrie

Während die Gravimetrie den gesuchten Stoff in stöchiometrischer Zusammensetzung durch Ausfällen, Trocknen und Glühen gewinnt und durch Auswiegen mißt, bestimmen die Fällungsverfahren der Maßanalyse die Stoffmenge durch das Volumen an Maßlösung, das für eine vollständige Fällung gerade nötig ist. Gemeinsam ist beiden Methoden also die Fällung eines definierten Stoffes, unterschiedlich ist die Meßgröße: das Stoffgewicht oder das Volumen der Maßlösung.

In neueren Analytikbüchern findet man unter dem Begriff „Fällungsanalyse“ mehr oder weniger ausschließlich die Argentometrie, also die Bestimmung der Halogenide mit Silbernitrat-Maßlösung. Fällungsanalyse bedeutete aber ursprünglich jede Art einer maßanalytischen Bestimmung, die von Ausfällung Gebrauch macht. So beschreiben z.B. JANDER/JAHR/KNOLL in ihrem Buch *Maßanalyse* Fällungstitrationen mit Kaliumpalmitat, um Erdalkaliionen und Magnesium zu bestimmen. Sie werden als „Seifen“ ausgefällt. Der Überschuß Kaliumpalmitat nach der Fällung sorgt dank seiner alkalischen Reaktion dann für den Umschlag des Indikators Phenolphthalein.

3.6.1 Theorie

Entscheidend für ein Fällungsverfahren, das ja quantitatives Ausfällen zum Ziel hat, ist das Löslichkeitsprodukt des zu fällenden Stoffes; es wird in Kap. 3.5.1.1, s. S. 121, behandelt. Tabelle 3-12 gibt die Löslichkeitsprodukte einiger Silbersalze bei zumeist 25 °C als $(-1) \cdot \log K_L = pK_L$ an:

Tabelle 3-12 Löslichkeitsprodukte pK_L von Silbersalzen

Substanz	pK_L-Wert
AgOH	4,0
Ag_2SO_4	4,1
$Ag_2Cr_2O_7$	6,7
AgCl	9,8
Ag_2CrO_4	11,4
AgBr	12,2
AgSCN	12,3
AgCN	14,2
AgI	15,8
Ag_2S	48,8

Eine Fällung gilt als vollständig, wenn die Restkonzentration $< 10^{-5}$ molar ist. D.h. pK_L sollte < 5 sein.

3.6.2 Endpunktserkennung und Indikatoren

Der Endpunkt einer Fällungstitration mit Silbernitratlösungen ist erreicht, wenn das Halogenid entsprechend dem Löslichkeitsprodukt gefällt ist. Bei der Bestimmung von Chlorid ballt sich der Niederschlag des Silberchlorids am Äquivalenzpunkt schlagartig zusammen. Das hängt mit den Oberflächenladungen zusammen und wurde in Kap. 3.5.1) behandelt. Man kann daher „bis zum Klarpunkt titrieren", d.h. so lange Chloridlösung zutropfen, bis kein Silberchlorid mehr fällt und sich der gesamte Feststoff schlagartig absetzt. Ein geringer Überschuß an Fällungsmittel senkt die Konzentration gelösten Silbernitrats, weil er den Nenner in

$$c(\mathrm{Ag}^+) = \frac{K_L(\mathrm{AgCl})}{c(\mathrm{Cl}^-)}$$

erhöht. Dadurch sinkt die Konzentration gelösten Silbers $c(Ag^+)$.

An sich ist in diesem Fall keine Endpunktsanzeige nötig. Das Beispiel der Silberbestimmung mit Natriumchloridlösungen, von GAY-LUSSAC zum genauesten Bestimmungsverfahren seiner Zeit entwickelt, hat aber schon gezeigt, daß Überschüsse an Chlorid kleingehalten werden sollten, weil sich Silberchlorid komplex wieder auflöst

(s. Kap. 3.5.1.1, s. S. 121). Ebenso verfährt man bei der Iodidbestimmung mit Silbernitrat.

Gebräuchliche Indikatoren der Argentometrie bilden entweder

- farbige Niederschläge mit überschüssigem Reagens,
- farbige, aber lösliche Verbindungen oder
- farbige Adsorbate auf dem Niederschlag.

Beispiel 1: Bestimmung eines Halogenids ohne Indikator

Würde ein Indikator die Fällung stören, kann man „bis zum Klarpunkt" titrieren (s.o.), also Maßlösung zugeben, bis der Niederschlag sich plötzlich zusammenballt und absinkt.

Beispiel 2: Direkte Bestimmung des Halogenids nach MOHR (1856)

Der Titrationslösung des zu bestimmenden Chlorids wird Kaliumchromat zugesetzt. Als erstes fällt bei der Titration Silberchlorid aus. Braunes Silberchromat Ag_2CrO_4 hat zwar ein niedrigeres Löslichkeitsprodukt als Silberchlorid, fällt aber erst aus, wenn nahezu das gesamte Chlorid umgesetzt ist. Eine Begründung für diese Reihenfolge folgt weiter unten. Die Bestimmung ist nur in neutraler Lösung möglich, weil in saurer Lösung aus Chromat Dichromat entstünde.

Von einem Indikator wird verlangt, daß er genau am Äquivalenzpunkt umschlägt. Hat man die Titrationskurven einer Neutralisationsanalyse und Umschlagsbereiche von Indikatoren noch vor Augen, wird das Problem ersichtlich: Nur bei steilen Konzentrationsänderungen gibt es wenige Probleme mit der Indikatorwahl.

Beispiel 3: Indirekte Bestimmung von Halogenid nach VOLHARD (1874):

Die Halogenidlösung wird mit einem Überschuß an Silbernitratlösung versetzt und der Überschuß mit Ammoniumthiocyanatlösung gegen Ammoniumeisen(III)-sulfat zurücktitriert. Silbernitrat wird z.B. durch Ammoniumthiocyanatlösung direkt bestimmt. In beiden Fällen bildet sich nach vollständigem Ausfällen des Silberhalogenids mit zugesetztem Eisen(III)-salz, z.B. Ammoniumeisen(III)-sulfat, lösliches, rotes $Fe(SCN)_3$. Eine entsprechende Rechnung wie beim Beispiel der Chloridbestimmung nach MOHR ergibt eine Indikatormenge von 6 ml einer 10prozentigen Lösung.

Bei einer Chloridbestimmung nach VOLHARD wird mit einem Überschuß Silbernitrat-Maßlösung versetzt. Dieser wird dann mit Ammoniumthiocyanat zurücktitriert. Kurzzeitig mit dem Indikator gebildetes, rotes Eisenthiocyanat zerfällt immer wieder zugunsten des viel schwerer löslichen Silberthiocyanats. Ist das gesamte Silber erfaßt, bleibt das Eisenthiocyanat zunächst bestehen. Die in dieser Verbindung enthaltenen Thiocyanationen treffen allerdings auf wenige Silberionen aus dem nicht so schwer löslichen Silberchlorid, wodurch Silberthiocyanat entsteht. Das läßt die Indikatorfärbung verschwinden. Erst wenn die Konzentration freigesetzten Chlorids 316mal höher (das Verhältnis der Löslichkeitsprodukte des Silberchlorids zum Silberthiocyanat) als

die des Thiocyanats ist, kommt diese Verschleppung des Umschlags zum Stillstand, und rotes Eisenthiocyanat bleibt bestehen. Man muß also den Silberchloridniederschlag der Einwirkung der Thiocyanationen entziehen, was durch Abfiltrieren erreicht werden kann. Einfacher ist es aber, den Niederschlag durch einen Dibutylphthalatzusatz zu umhüllen und damit der wässrigen Lösung zu entziehen. Auch bei Natriumbromid kann man diesen Zusatz verwenden, obwohl das Löslichkeitsprodukt $L_{AgBr} = 6{,}3 \cdot 10^{-13}$ ein wenig kleiner als das des Rhodanids ($5 \cdot 10^{-13}$) ist.
Organisch gebundenes Chlor wird auf dem Wasserbad mit Natronlauge abgespalten und nach Ansäuern bestimmt.

Beispiel 4: Bestimmung von Halogenid mit Silbernitrat nach FAJANS

Adsorptionsindikatoren nutzen den in Kap. 3.5.1.2 als Fehler genannten Effekt aus, daß frisch entstandene Oberflächen ein hohes Adsorptionspotential haben. Raffinierter noch: Diese Indikatoren machen von der Ladungspolarität der Oberfläche Gebrauch. FAJANS erdachte die folgende Methode: Die erst am oder eben nach dem Äquivalenzpunkt eintretende *positive* Aufladung der Oberflächen durch adsorbierte Silberionen führt zur Adsorption der negativen Indikatorionen. Das Elektronensystem der Farbstoffionen wird durch die Adsorption deformiert, wodurch sich die Farbe des Indikators ändert.

Die Färbung verschwindet allerdings wieder, wenn ein größerer Bromidüberschuß in der Lösung herrscht.

Die Stärke der Adsorption muß im Auge behalten werden: Farbstoffe werden in der Halogenidreihe

$$Cl^- < Br^- < I^-$$

zunehmend stärker an die Fällungsprodukte adsorbiert, für die Indikatoren gibt es die Reihenfolge

Fluorescein < Eosin < Tetraiodfluorescein (Erythrosin).

Fügt man beide Reihen zusammen, entsteht die folgende Gesamtreihe, in der das weiter links stehende Ion alle rechts davon stehenden verdrängt. Daher sind nur Indikatoren geeignet, die rechts vom zu bestimmenden Ion angeordnet sind:

$$I^-, CN^- > Br^- > \text{Eosin}^- > Cl^- > Ac^- > \text{Fluorescein}$$

Fluorescein, das für die Titration von Chlorid geeignet ist, kann daher auch für Bromid und Iodid verwendet werden. Eosin, das für Chlorid nicht mehr geeignet ist, kann aber bei Bromid und Iodid dienen. Ein weiteres, für Pharmazeuten interessantes Beispiel steht im Anhang.

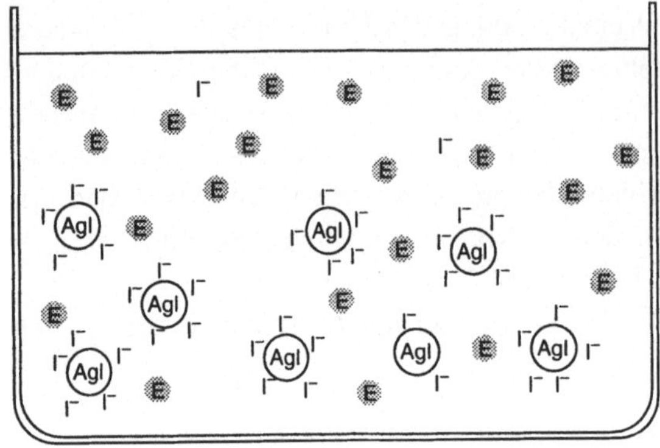

vor dem Äquivalenzpunkt

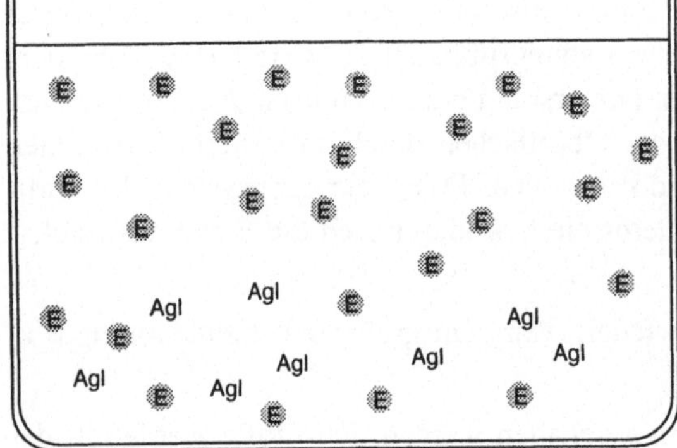

am Äquivalenzpunkt

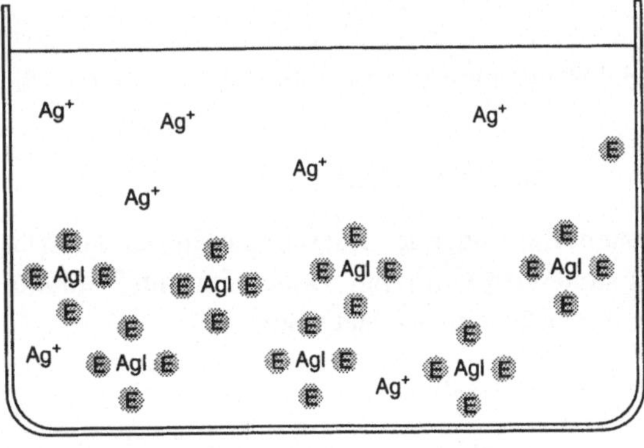

nach dem Äquivalenzpunkt

Bild 3-29 Wirkungsweise eines Adsorptionsindikators bei einer argentometrischen Titration nach FAJANS

3.6.3 Titrationsvorschriften

3.6.3.1 Chloridbestimmung nach MOHR

Etwa 0,2 g der zu prüfenden Substanz, genau gewogen, oder eine äquivalente Menge Lösung der Gesamtsubstanz werden zu 20 ml gelöst bzw. aufgefüllt, einige Tropfen einer 5prozentigen Kaliumchromatlösung werden zugesetzt und mit 0,1 N-Silbernitratlösung titriert, bis die überstehende Lösung braun ist.

1 ml 0,1 N-Silbernitratlösung entspricht 0,1 mm(eq) = 3,545 mg Chlorid.

3.6.3.2 Iodidbestimmung nach FAJANS

Etwa 0,3 g der zu analysierenden Substanz, genau gewogen, oder eine äquivalente Menge Lösung der Gesamtsubstanz werden zu 20 ml Wasser gelöst bzw. aufgefüllt. Mit einigen Tropfen Eosinlösung wird versetzt und danach mit 0,1 N-Silbernitratlösung titriert, bis die Lösung eine Pinkfärbung annimmt.

1 ml 0,1 N-Silbernitratlösung entspricht 0,1 mn(eq) = 12,6905 mg Iod.

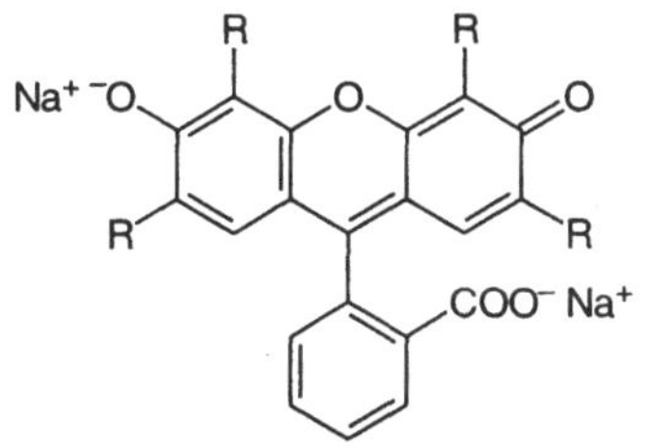

Bild 3-30 Eosin (R = Br), Fluorescein (R = H)

3.7 Komplexometrie

Viele Metallbestimmungen, die früher durch Redoxanalyse, Iodometrie oder gar Gravimetrie gemessen wurden, sind durch Bestimmungsverfahren verdrängt worden, bei denen Metallionen in organische Moleküle eingeschlossen werden. Schlägt man heute MEDICUS/POETHKE, *Kurze Anleitung zur Maßanalyse* (1970), auf und bedenkt, daß dieses Buch den Stand der Analytik von vor nur 20 Jahren, zumindest im Studium, repräsentiert, erschrickt man nicht nur darüber, was für Stoffe anorganisch-maßanalytisch bestimmt wurden (Arsen, Antimon, schweflige Säure, Quecksilber, aber auch Senföl und Phenazon), sondern es fällt vor allem auf, daß z.B. Silber, die Halogenide und Cyanide u.a. durch Fällungsanalyse erfaßt wurden. Betrachtet man den Seitenumfang, den die Komplexometrie in diesem Buch einnimmt, fallen dabei die nicht einmal 20 Seiten (bei 390 Gesamtseiten) recht schmal aus.

Heute ist die Komplexometrie ein wichtiges Bestimmungsverfahren in der Maßanalyse geworden und wird daher hier ausführlich behandelt. Ergänzt wird sie von elektrochemischen Methoden, insbesondere von solchen, die ionensensitive Elektroden anwenden.

3.7.1 Theorie

3.7.1.1 Was sind Komplexe?

Komplexe sind Verbindungen, die durch Zusammenschluß eines Zentralions oder -moleküls mit einem oder mehreren neutralen Molekülen oder mit Ionen, den Liganden, entstehen. Das zentrale Teilchen, meist ein Metallion, ist dann *koordinativ* gesättigt, wenn die tatsächliche Anzahl der Liganden gleich der maximalen ist. Der Koordinationsbegriff wurde von WERNER 1893 eingeführt.

Anwendungen und Vorkommen von Komplexen

Beispiele für die Anwendung von Komplexen sind die Waschmittel, das Binden von Metallen (Maskieren) und Gasen (Stickstoffixierung) oder der Molekültransport durch Zellmembranen. Auch immunchemische Reaktionen sind Antigen-Antikörper-Komplexe.

Weitere Beispiele für Komplexe in Stichworten sind: der Blutfarbstoff Häm, Chlorophyll, Anthocyane, Cytochrome.

3.7.1.2 Komplexbildner

Komplexbildner können sein: anorganische Anionen, Elektronendonatoren oder -akzeptoren wie NH_3, CN^-, $S_2O_3^{2-}$, I^-, OH^-, F^-, H_2O, CO, N_2, aber auch Oxalat, Ethylendiamin oder dessen Carbonsäurederivate sowie Kronenether.

Die Komplexometrie benutzt als Spezialfall der Komplexbildung Anionen der Aminocarbonsäuren als Komplexbildner. Diese tragen in geeignetem Abstand zwei oder mehrere funktionelle Gruppen, deren freie Elektronenpaare mehrwertige Metallionen scherenartig in Form sog. Chelate (von griech. *chele* = Schere) zu wasserlöslichen, praktisch undissoziierten und stöchiometrisch zusammengesetzten Molekülen binden. Ein Beispiel dafür ist das bekannte und verbreitet eingesetzte Dinatriumsalz der Ethylendiamintetraessigsäure, Natriumedetat[1] und oft nur EDTA abgekürzt.

Der Begriff *Komplexon* stammt von SCHWARZENBACH (1904–1978): Komplexon®I ist die Nitrilotriessigsäure = NTE, Komplexon®II die Ethylendiamintetraessig*säure*, Komplexon®III = Titriplex®III = Idranal®, die Ethylendiamintetraessigsäure als *Dinatriumsalz*, und Komplexon®IV ist die Diaminocyclohexantetraessigsäure.

---

[1] Natriumedetat soll im folgenden im Text unter diesem Namen, in Reaktionsgleichungen vereinfachend in der Form A oder A^{4-} geschrieben werden.

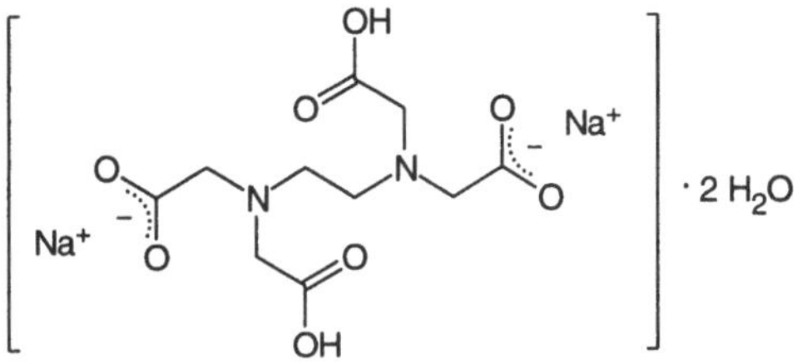

Bild 3-31 Natriumedetat

3.7.1.3 Eigenschaften von Komplexbildnern

Zähnigkeit

Die *Zähnigkeit* gibt die Zahl der möglichen resp. tatsächlich betätigten *Koordinationsstellen* des Komplexbildners, also z.B. des Metallions, an. Einzähnig sind z.B. die Liganden CN^- oder NH_3, zweizähnig sind Oxalat, Ethylendiamin und Tartrat, sechszähnig ist Natriumedetat.

Koordinationszahl

Die *Koordninationszahl* gibt an, wieviele einzähnige Liganden angelagert werden können, wieviele Koordinationsstellen es gibt. Die Koordinationszahl hat nichts mit der Wertigkeit des Zentralatoms zu tun.

Eine Betainstruktur des Komplexbildners besagt, daß er ein inneres Salz mit sich selbst bilden kann. Dies ist oft schwerlöslich, weil nun das Molekül nach außen neutral ist und daher nicht so stark hydratisiert wird. Ein Beispiel hierfür ist die Ethylendiamintetraessigsäure, die, verglichen mit ihrem Dinatriumsalz, schwerlöslich ist, weil zwei Säuregruppen mit dem Stickstoff eine Betainstruktur bilden können und die übrigen Säuregruppen nicht stark dissoziiert sind. Daher kommt die Verbindung in Form des Dinatriumsalzes in den Handel, in der sie besser löslich ist.

Grundsätzlich kann man sagen, daß die Löslichkeit neutraler, innerer Salze gering ist, z.B. bei Fällungsprodukten des Diacetyldioxims.

Ringbildung

Mehrzähnige Komplexbildner können mit Metallen ringförmige Verbindungen (Chelate) bilden. Man zählt die Atome, die den Ring bilden, inklusive Zentralatom. Fünfgliedrige Ringe sind am häufigsten. Ein Beispiel ist der Natriumedetat-Metallkomplex.

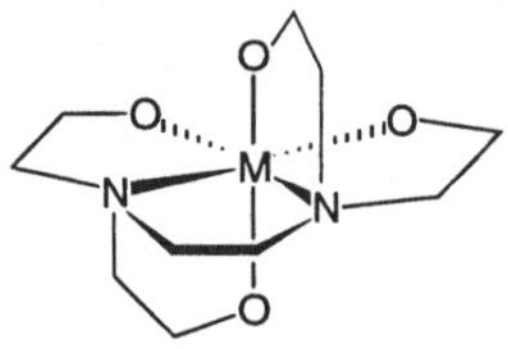

Bild 3-32 Natriumedetat-Metallkomplex in Ringform

Thermodynamische Stabilität

Um die Stabilität der Komplexe zu beschreiben, betrachten wir die Dissoziation eines Komplexes aus einem zentralen Metallion M^{z+} und seinem Liganden A^{4-}:

$$M^{z+} + A^{4-} \rightleftharpoons [M\text{–}A]$$

Wir definieren nun eine Stabilitäts- oder Bildungskonstante K_B. Sie ist der Kehrwert der Dissoziationkonstante K_D. Ist $c(MA)$ die Konzentration des Metallkomplexes, $c(M)$ die des freien Metallions und $c(A)$ die des freien Komplexbildners, beträgt K_B

$$K_B = \frac{c(MA)}{c(M) \cdot c(A)}.$$

K_B soll für analytische Zwecke einen Wert von 10^7 bis 10^8 erreichen.

Die folgende Tabelle nennt die Komplexbildungskonstanten K_B wichtiger Kationen für den Komplexbildner Natiumedetat. Analog zum pH-Wert verwenden wir die Beziehung $(-1) \cdot \log K_B = pK_B$.

Tabelle 3-13 Die Komplexbildungskonstanten pK_B verschiedener Metalle mit Natriumedetat als Komplexbildner

Kation	pK_B	Kation	pK_B
Mg^{2+}	8,76	Pb^{2+}	18,0
Ca^{2+}	10,7	Ni^{2+}	18,6
Mn^{2+}	14,0	Cu^{2+}	18,8
Fe^{2+}	14,3	Bi^{3+}	22,8
Al^{3+}	16,1	Cr^{3+}	23,0
Cd^{2+}	16,5	Fe^{3+}	25,1
Zn^{2+}	16,5		

Alle weiteren Metalle haben zu niedrige pK_B-Werte. Die Bildungskonstante ist wichtig, wenn man Wechselwirkungen verschiedener Metallionen mit dem Komplexbildner Natriumedetat vorhersagen will.

Die Stabilität der Komplexe nimmt mit der Ionenwertigkeit des Zentralatoms zu. Sie hängt außerdem von der Ionenstärke in der Lösung, dem pH-Wert und der Temperatur ab. Symmetrische Komplexe, vor allem Octaeder, sind besonders stabil, weil die geschlossene Ligandensphäre einen Angriff erschwert.

Komplexbildung

Setzen wir einer Lösung eines Metallions einen Komplexbildner zu, müssen wir zwei Arten der Komplexbildung unterscheiden: Handelt es sich um einen einzähnigen Liganden, wie NH_3, werden die Liganden nach und nach gebunden. Die graphische Darstellung (s. Bild 3-33) zeigt die Abhängigkeit der Komplexbildung von der Komplexbildnerkonzentration $c(A^{4-})$, ausgedrückt durch die Abnahme der Konzentration freier Metallionen $c(M^{z+})$ bei Zunahme der Ligandenkonzentration $c(A^{4-})$.

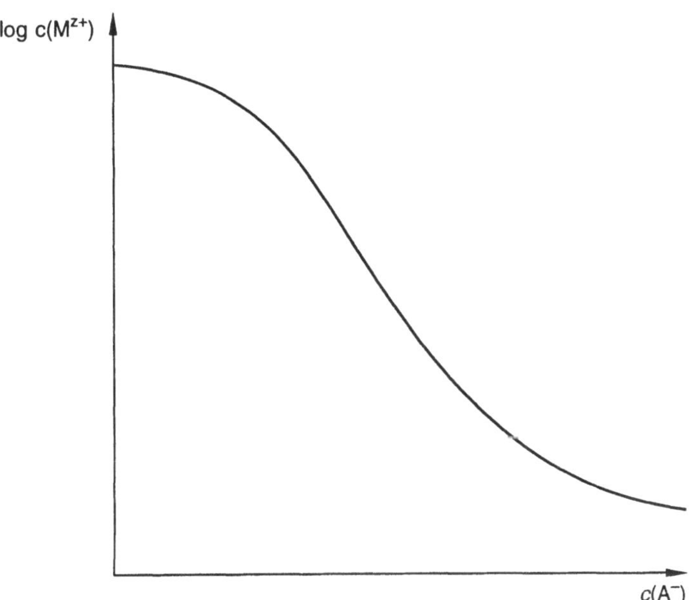

Bild 3-33 Abnahme der Metallionenkonzentration $\log c(M^{z+})$ bei steigender Komplexbildnerkonzentration $c(A^{4-})$ des einzähnigen Liganden NH_3

Aus der flachen Kurve kann man entnehmen, daß die einzelnen Komplexe, z.B. die des Nickels mit NH_3

$$Ni^{2+} \rightleftharpoons [Ni(NH_3)]^{2+} \rightleftharpoons [Ni(NH_3)_2]^{2+} \rightleftharpoons \dots \rightleftharpoons [Ni(NH_3)_6]^{2+}$$

nach und nach entstehen. Sie liegen während der Ammoniakzugabe nebeneinander in Lösung vor. Die beabsichtigte Komplexbildung zu $[Ni(NH_3)_6]^{2+}$ ist erst abgeschlossen, wenn ein erheblicher Ammoniaküberschuß vorhanden ist. Dieser Effekt ist in etwa mit der Neutralisation mehrwertiger Säuren vergleichbar, wobei man dort einen eher stufenförmigen Verlauf der Kurve beobachten kann.

Im Vergleich dazu läuft die Komplexbildung mit einem mehrzähnigen Komplexbildner, z.B. mit Natriumedetat, *in einem Schritt* ab:

$$Zn^{2+} + A^{4-} \rightleftharpoons [Zn\text{–}A]$$

Es gibt keinen schleppenden Übergang bei der Komplexbildung (s. Bild 3-34). Begünstigend kommt hinzu, daß die Stabilität dieser mehrzähnigen Chelate größer als die der Aminkomplexe ist.

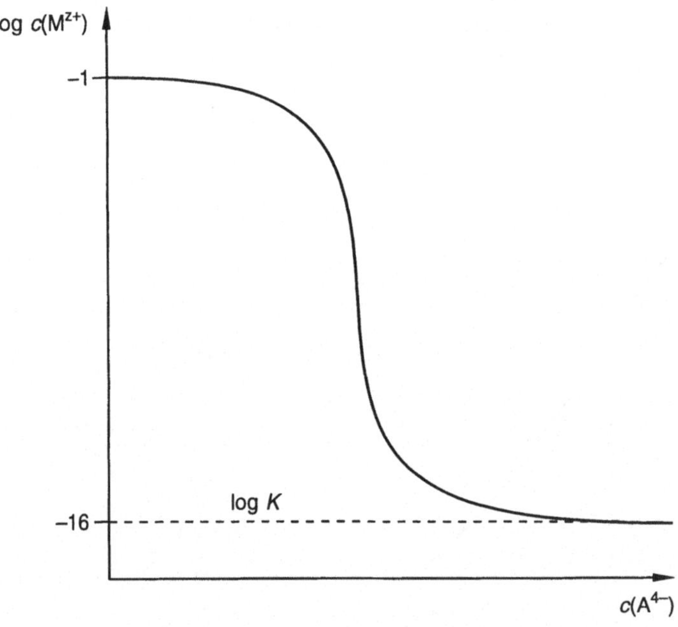

Bild 3-34 Konzentration freier Metallionen in logarithmischer Darstellung (als pM) bei Titration eines Metalles ($pK_B = 16$) mit Natriumedetat

Berechnung der Metallkonzentrationen für eine Titration

Grundlage der Berechnung von Metallkonzentrationen ist die Definition der Komplexbildungskonstante:

$$K_B = \frac{c(MA)}{c(M^{z+}) \cdot c(A^-)}$$

Ist c_0 die anfängliche Metallkonzentration und K_B die Komplexbildungskonstante des Metalls, gilt im Bereich $\tau < 1$, also für den Bereich vor dem Äquivalenzpunkt (s. Bild 3-34), für den Logarithmus der Metallionenkonzentration pM

$$pM = (-1) \cdot \log c_0 - \log(1 - \tau).$$

Für $\tau = 1$, also am Äquivalenzpunkt, gilt

$$pM = -0{,}5 \cdot (\log c_0 - \log K_B),$$

und für $\tau > 1$, also nach dem Äquivalenzpunkt, gilt

$$pM = \log K_B + \log (1 - \tau).$$

pH-Wert-Abhängigkeit der Komplexstabilität

Voraussetzung für einen stabilen Komplex ist die Verfügbarkeit der Koordinationsstellen. Zu ihnen gehören auch die freien Elektronenpaare der Säuregruppen. Daher betrachten wir die Dissoziation der mehrwertigen Säure. Die Ethylendiamintetraessigsäure hat vier Dissoziationskonstanten:

$$pK_{s1} = 2{,}0;\ pK_{s2} = 2{,}67;\ pK_{s3} = 6{,}16 \text{ und } pK_{s4} = 10{,}26.$$

Dies bedeutet, daß Ethylendiamintetraessigsäure die ersten zwei Protonen recht locker bindet (niedrige pK_s-Werte), die folgenden aber wesentlich fester. Erst nach Abspaltung des letzten Protons liegt die Ethylendiamintetraessigsäure als Tetraacetat in geeigneter Form für eine Komplexbildung vor, und nur dann ist die Konzentration des Anions A^{4-} gleich der Gesamtkonzentration $c(G)$.

Die Konditionalkonstante

Der Anteil der Konzentration freier, also bindender Komplexbildner-Anionen $c(A)$ an der Komplexbildnergesamtkonzentration $c(G)$ ergibt die Größe β_A gemäß

$$\beta_A = \frac{c(A)}{c(G)}, \text{ oder } c(A) = \beta_A \cdot c(G).$$

Wir setzen β_A in die Formel der Komplexbildungskonstante K_B ein:

$$K_B = \frac{c(MA)}{c(M) \cdot c(A)} = \frac{c(MA)}{c(M) \cdot c(G) \cdot \beta_A}$$

Wir fassen die Konstanten K_B und β_A zusammen:

$$K_B \cdot \beta_A = \frac{c(MA)}{c(M) \cdot c(G)} \text{ und nennen}$$

$$K' = K_B \cdot \beta_A$$

die *Konditionalkonstante.*

K' drückt die Komplexstabilität für eine reale Titration aus, denn sie berücksichtigt den tatsächlichen pH-Wert bei der Titration. Sie ist also nur für einen pH-Wert gültig und gilt nur für die Konditionen des Versuchs, weil sie die aktuelle, pH-Wert-abhängige

Konzentration des Komplexbildners $c(A)$ beinhaltet. Durch Einsetzen des Wertes von β in

$$\log K' = \log K + \log \beta$$

erhält man für den pH-Wert der Titration die nun für diesen Versuch gültige Konditionalkonstante K', aus der man die Komplexstabilität berechnen kann. $\log K'$ sollte größer als 7 sein.

Als Beispiel sei die pH-Wert-Abhängigkeit der Konditionalkonstante für Magnesium (mit $pK_B = 8{,}76$) gezeigt:

Tabelle 3-14 Die Konditionalkonstante K' für Magnesium bei verschiedenen pH-Werten

pH-Wert	log β	log K′
5	–6,5	2,2
7	–3,3	5,4
9	–1,4	7,3
11	–0,2	8,5

Man sieht, daß sich Magnesium als schwächer komplexierendes Kation erst ab pH = 9 bestimmen läßt, weil erst in diesem Bereich $\log K' > 7$ wird.

Bei der Komplexbildung kommt es zur Freisetzung von Protonen, weil Natriumedetat Na_2H_2A das Di-Natriumsalz der Tetra-Essigsäure ist:

$$M^{z+} + Na_2H_2A + H_2O \rightleftharpoons [M{-}A] + 2\,Na^+ + 2\,H_3O^+$$

Da mit steigender Säurekonzentration die Komplexstabilität abnimmt und die verwendeten Metallindikatoren evtl. eine pH-Wert-Änderung durch Farbwechsel anzeigen würden, wird stets in gepufferten Lösungen titriert. Schließlich muß noch ein Ausfallen von Metallhydroxiden im Alkalischen verhindert werden, wozu Hilfskomplexbildner wie Ammoniak, Citrat oder Tartrat zugegeben werden. Diese Hilfsstoffe erfüllen damit zwei Funktionen: Die pH-Werteinstellung und eine Hilfskomplexierung der Metalle.

Um anzuzeigen, daß keine freien Metallionen mehr in der zu bestimmenden Lösung sind, die Komplexbildung also abgeschlossen ist, brauchen wir Indikatoren.

Indikatoren

Metallindikatoren für die Komplexometrie, im folgenden *Ind* genannt, sind gleichzeitig Komplexbildner und Säure-Base-Indikatoren. Dies ist insofern zu beachten, als bei der Komplexbildung Protonen frei werden. Daher wird auch aus diesem Grunde stets in gepufferter Lösung titriert.

Der Metallindikatorkomplex [M–Ind] muß eine andere Farbe haben als der freie Indikator, soll aber möglichst intensiv gefärbt und weniger stabil sein als der Metall-Titrator-Komplex [M–A].

Als Indikatoren werden verwendet: Eriochromschwarz T, Calconcarbonsäure, Phthaleinkomplexon, Tiron, Brenzkatechinviolett, Xylenolorange, Methylthymolblau, 1-(2-Pyridyl-azo)-2-naphthol (PAN), Nitrilotriessigsäure.

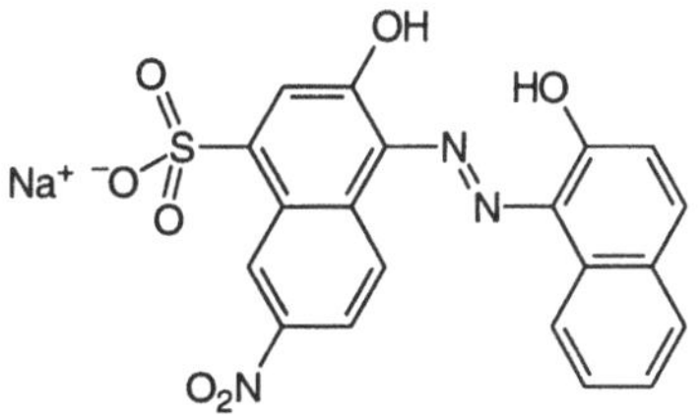

Eriochromschwarz T

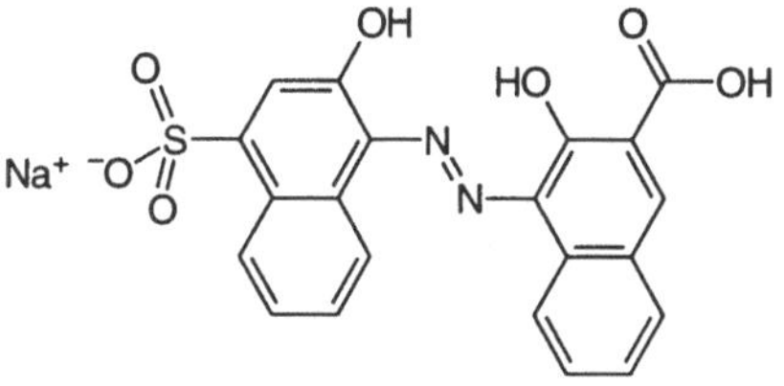

Calconcarbonsäure

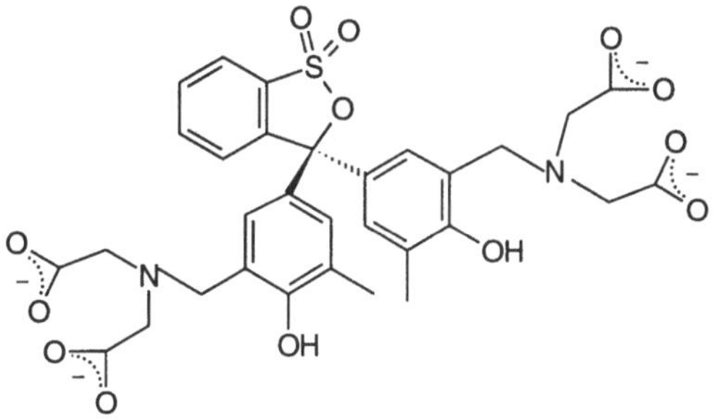

Xylenolorange

Bild 3-35 Formeln der Indikatoren Eriochromschwarz T, Xylenolorange und Calconcarbonsäure

Wie kann man sich den Ablauf der Reaktion eines Indikators Ind mit dem Metall M in einer sinnvoll verlaufenden, direkten Titration mit Natriumedetat vorstellen?

Zu Beginn bildet der Indikator mit dem Metall einen [Komplex]:

$$\mathrm{M + Ind \rightleftharpoons [M{-}Ind]}$$

Während der Titration komplexiert Natriumedetat freie Metallionen, wenn die Stabilität des Metallkomplexes größer als die des Indikatorkomplexes ist:

$$\mathrm{M + A \rightleftharpoons [M{-}A]}$$

Am Äquivalenzpunkt wird das Metall nun wegen der geringeren Stabilität des Metall-Indikatorkomplexes aus diesem Komplex durch Natriumedetat vollständig verdrängt:

$$\mathrm{[M{-}Ind] + A \rightleftharpoons [M{-}A] + Ind}$$

Der nun frei gewordene Indikator zeigt durch seine andere Farbe den Äquivalenzpunkt an.

Empfindlichkeitsprüfungen der Indikatoren sollen gewährleisten, daß die Indikatoren „gut ansprechen".

Organische Lösemittel drängen durch die erniedrigte Dielektrizitätskonstante die ohnehin geringe Dissoziation des Komplexes [M–A] weiter zurück und erzeugen so einen schärferen Umschlag.

Urtiter für die Komplexometrie

Von den vielen Möglichkeiten, einen Urtiter zu verwenden, inkl. der Reinsubstanz Natriumedetat selbst, ist Bleinitrat am besten geeignet: Es läßt sich aus Wasser umkristallisieren und bei 100 bis 105 °C vortrocknen. Bei 175 bis 180 °C ist es dann vollständig wasserfrei. Es ist nicht hygroskopisch und in verschlossenen Gefäßen stabil.

3.7.1.4 Titrationsverfahren

Direkte Titration

Voraussetzungen für eine direkte Titration sind rasche Komplexbildung und quantitative Umsetzung:

$$M + A^{4-} \rightleftharpoons [M\text{–}A]$$

Beispiele für direkt titrierbare Ionen sind Pb, Mn, Ca, Fe, Ni, Cu, Bi, Zn.

Rücktitration

Sie wird angewandt, wenn der Natriumedetat-Metall-Komplex stabil ist und kein passender Metallindikator zur Verfügung steht oder wenn der Metall-Indikator-Komplex zu fest ist.

Zur Metallsalzlösung wird Komplexbildner im Überschuß zugegeben. Der Überschuß an Komplexbildner A wird mit Zinksulfatlösung zurücktitriert, bis der Komplex Zink-Indikator den Endpunkt anzeigt:

$$[M\text{–}A] + A^{4-} + \text{Ind} + Zn^{2+} \rightleftharpoons [M\text{–}A] + [Zn\text{–}A] + [Zn\text{–}\text{Ind}]$$

Quecksilber kann man selektiv nach folgendem Schema bestimmen: Die mit Natriumedetat austitrierte Lösung wird mit Kaliumiodid versetzt, das aus dem Quecksilberkomplex eine äquivalente Menge Komplexbildner freisetzt, die dann mit Zinksulfatlösung zurücktitriert wird:

$$[Hg\text{–}A] + 4\,I^- \rightleftharpoons [HgI_4] + A^{4-};\ A^{4-} + Zn^{2+} \leftrightarrow [Zn\text{–}A]$$

Ein weiteres Beispiel für die Anwendung der Rücktitration ist Al^{3+}.

Substitutionstitration

Ist für ein Metall kein Indikator verfügbar oder würde das zu bestimmende Metall M beim pH-Wert der Titration ausfallen, substituiert man das Metall mittels Zusatz eines Magnesium-Komplexes [Mg–A] durch eine äquivalente Menge leicht titrierbaren Magnesiums. Das Metallsubstitut Magnesium wird dann titriert:

$$M^{z+} + [Mg\text{–}A] \rightleftharpoons [M\text{–}A] + Mg^{2+}$$

$$Mg^{2+} + A^{4-} \rightleftharpoons [Mg\text{–}A]$$

Beispiele sind Pb, Mn, Ca, Sr, Ba.

Indirekte Titration

Ist keine Komplexbildung möglich wie z.B. bei einwertigen Kationen oder bei Anionen, kann man einen definierten Niederschlag bilden. Diesen löst man nach Abtrennen wieder auf und titriert ein daraus freiwerdendes, gut bestimmbares Metall. Als Beispiel dient eine Phosphatbestimmung:

$$PO_4^{3-} + Mg^{2+} + NH_4^+ \rightarrow NH_4MgPO_4\downarrow$$

$$Mg^{2+} + A^{4-} \rightleftharpoons [Mg\text{–}A]$$

Ergeben Metalle mit dem zu bestimmenden Anion stabilere Komplexe als mit Natriumedetat, kann man z.B. Cyanid durch Zugabe einer bekannten, überschüssigen Menge Nickelionen komplexieren:

$$CN^- + Ni^{2+} \rightleftharpoons [Ni(CN)_4]$$

Den Nickelüberschuß titriert man danach mit Natriumedetat zurück:

$$Ni^{2+} + A^{4-} \rightleftharpoons [Ni\text{–}A]$$

Anionen können z.B. nach folgendem Verfahren bestimmt werden: Fluorid wird mit einem Überschuß von Calciumionen gefällt. Nach Abtrennen und Auflösen des Niederschlags wird Calcium komplexometrisch titriert:

Simultantitration

Lassen sich Metalle aus einer Mischung fällen, kann man Ionen nacheinander bestimmen, z.B. Calcium und Magnesium als Wasserhärte:

Nach dem Fällen des Magnesiums

$$Mg^{2+} + 2\ OH^- \rightarrow Mg(OH)_2\downarrow$$

wird Calcium titriert:

$$Ca^{2+} + A^{4-} \rightleftharpoons [Ca\text{–}A]$$

In der austitrierten Lösung wird das Magnesium wieder aufgelöst und ebenfalls titriert.

Ein anderes Beispiel für die Bestimmung zweier Metalle nebeneinander, ohne eines von ihnen fällen zu müssen, ist die Simultanbestimmung von Blei und Zink. Beide werden gemeinsam titriert, und es wird daraus der Gesamtverbrauch an Komplexbildner ermittelt:

$$Pb, Zn + A^{4-} \rightleftharpoons [Pb–A] + [Zn–A] \text{ (= Gesamtverbrauch)}$$

Aus dem Zinkkomplex wird nun selektiv der Komplexbildner durch einen anderen, das Cyanid, verdrängt:

$$[Zn–A] + 4\ CN^- \rightleftharpoons [Zn(CN)_4] + A^{4-}$$

Die dem Zink äquivalente, freigesetzte Menge an Komplexbildner wird wiederum mit Zinksulfatlösung erfaßt. Dies ergibt den Teilverbrauch im Metallgemisch, die Zinkmenge:

$$A^{4-} + Zn^{2+} \rightleftharpoons [Zn–A] \text{ (= Teilverbrauch)}$$

Aus dem Gesamtverbrauch abzüglich des Teilverbrauchs ergibt sich die Bleimenge.

3.7.2 Titrationsvorschriften

3.7.2.1 Bestimmung von Bismut

Etwa 0,2 g der Analysensubstanz werden schrittweise mit so viel verdünnter Salpetersäure versetzt, bis sie unter Schwenken und ggf. Erwärmen vollständig gelöst ist. Man kann den Ansatz auch kalt stehenlassen und die Lösung abwarten. Der pH-Wert soll nicht durch einen zu großen Säureüberschuß oder durch zu viel konzentrierte Salpetersäure zu sauer werden. Eine Spatelspitze Xylenolorange-Indikatorverreibung wird dazugegeben und mit 0,1 M-Natriumedetatlösung von violett nach gelb titriert.

1 ml 0,1 M-Natriumedetatlösung entspricht 0,1 mmol = 20,898 mg Bismut.

3.7.2.2 Bestimmung von Aluminium

20,0 ml der aufgefüllten Analysenlösung werden mit 25,0 ml 0,1 M-Natriumedetatlösung versetzt. Die Lösung wird mit einer Pipette mit 1 N-Natronlauge gegen Methylrot neutralisiert. Sie wird bis zum Sieden erhitzt und 10 Minuten lang auf dem Wasserbad weiter erwärmt; anschließend wird mit Eis gekühlt. Eine Spatelspitze Xylenolorange-Indikatorverreibung und 5 g Hexamethylentetramin werden zugegeben, und der Natriumedetat-Überschuß wird mit 0,1 M-Zinksulfatlösung bis zur Pink-Färbung zurücktitriert.

1 ml 0,1 M-Natriumedetatlösung entspricht 0,1 mmol = 2,698 mg Aluminium.

3.7.2.3 Bestimmung von Calcium und Magnesium nebeneinander

Bestimmung von Calcium

Ein Aliquot der aufgefüllten Analysenlösung wird mit 3 bis 4 ml 15prozentiger Natronlauge versetzt. Danach wird mit Wasser auf 100 ml aufgefüllt. Eine geringe Menge Calconcarbonsäureverreibung R-Lösung wird zugegeben und mit 0,1 M-Natriumedetatlösung bis zum Farbumschlag von weinrot nach blau titriert.

1 ml 0,1 M-Natriumedetatlösung entspricht 0,1 mmol = 4,008 mg Calcium.

Bestimmung von Magnesium

In der austitrierten Lösung wird der Farbstoff durch Erwärmen mit konzentriertem Wasserstoffperoxid auf dem Wasserbad zerstört. Ist die Lösung nur noch ganz leicht blaustichig, besser aber farblos, läßt man sie abkühlen und gibt so viel verdünnte Salzsäure hinzu, bis sich das ausgefallene Magnesiumhydroxid gerade aufgelöst hat. Eine Indikator-Puffertablette und 1 ml konzentrierter Ammoniak werden zugegeben und mit 0,1 M-Natriumedetatlösung bis zum Umschlag von rot nach grün (über schmutziggrau) titriert.

1 ml 0,1 M-Natriumedetatlösung entspricht 0,1 mmol = 2,431 mg Magnesium.

4 Anhang

Herleitung des Ostwaldschen Verdünnungsgesetzes aus dem Massenwirkungsgesetz (s. S. 70):

Das *Massenwirkungsgesetz*, angewandt auf die Dissoziation von A^+B^-, ergibt die Dissoziationskonstante K_D:

$$K_D = \frac{c(A^+) \cdot c(B^-)}{c(AB)} \tag{1}$$

$$c(A^+) = \alpha \cdot c_0; \tag{2}$$

$$c(A^+) = c_0 - c(AB) \tag{3}$$

(3) in (2) eingesetzt führt zu

$$\alpha = \frac{c_0 - c(AB)}{c_0} = 1 - \frac{c(AB)}{c_0}$$, ein Umstellen ergibt

$$c(AB) = (1 - \alpha) \cdot c_0. \tag{4}$$

Außerdem ist

$$c(A^+) = c(B^-) = \alpha \cdot c_0 \text{ und} \tag{5}$$

$$c_0 = c(A^+) + c(AB); \tag{6}$$

Setzen wir (2), (5) sowie (4) in (1) ein, ergibt sich

$$K_D = \frac{\alpha \cdot c_0 \cdot \alpha \cdot c_0}{(1-\alpha) \cdot c_0} = \frac{\alpha^2 \cdot {c_0}^2}{(1-\alpha) \cdot c_0}$$

$$\frac{K_D}{c_0} = \frac{\alpha^2}{1-\alpha}; \; K_D = \frac{\alpha^2}{1-\alpha} \cdot c_0$$

(7)

Herleitung des korrekten Berechnungsansatzes des pH-Wertes für schwache Elektrolyte (s. S. 71)**:**

Löst man eine Säure HA in Wasser, wird sie protolysieren:

$$HA + H_2O \rightleftharpoons H_3O^+ + B^-$$

Die Konzentration von H_3O^+, d.h. der sich einstellende pH-Wert, hängt dabei von der Konzentration der Säure c_S, geschrieben auch in der Form $c(HA)$, und von ihrer Säurekonstante K_s ab. Die Gesamtkonzentration an Säure c_s setzt sich aus ihrem dissoziierten Anteil $c(H_3O^+)$ (= $c(B^-)$) und ihrem nichtdissoziierten Anteil $c(HA)$ zusammen. Bei der Dissoziation entstehen gleiche Aktivitäten von H_3O^+ und von A^-:

$$c(H_3O^+) = c(A^-) \qquad (1)$$

$$c_s = c(HA) + c(H_3O^+)$$

Der nichtdissoziierte Anteil $c(HA)$ ist also:

$$c(HA) = c_s - c(H_3O^+) \qquad (2)$$

Das Massenwirkungsgesetz, angewandt auf die Protolyse einer Säure, lautet:

$$K_s = \frac{c(H_3O^+) \cdot c(A^-)}{c(HA)} \qquad (3)$$

Setzt man (1) und (2) in (3) ein, ist

$$K_s = \frac{c^2(H_3O^+)}{c_s - c(H_3O^+)}$$

Uns interessiert der pH-Wert, also $c(H_3O^+)$. Wir lösen danach auf:

$$c^2(H_3O^+) = K_s \cdot (c_s - c(H_3O^+)) = K_s \cdot c_s - K_s \cdot c(H_3O^+)$$

Daraus formen wir eine quadratische Gleichung:

$$x^2 + px + q = 0$$

Dies ergibt in unserem Fall:

$$c^2(H_3O^+) + K_S \cdot c(H_3O^+) - K_s \cdot c_s = 0$$

Die Lösungen einer quadratischen Gleichung sind:

$$x_{1,2} = -\frac{p}{2} \pm \sqrt{\frac{p^2}{4} - q}$$, angewandt auf unseren Fall

$$c(H_3O^+)_{1,2} = -\frac{K_s}{2} \pm \sqrt{\frac{K_s^{\ 2}}{4} + K_s \cdot c_s}$$

Nur die positive Lösung ist sinnvoll, d.h.

$$c(H_3O^+) = -\frac{K_s}{2} + \sqrt{\frac{K_s^{\ 2}}{4} + K_s \cdot c_s}\ .$$

Für Basen gilt entsprechend:

$$c(OH^-) = -\frac{K_s}{2} + \sqrt{\frac{K_b^{\ 2}}{4} + K_b \cdot c_b}$$

Diese umständliche Berechnungsformel läßt sich für schwache Säuren und Basen vereinfachen.

Es wird unterstellt, daß die Substanz nur teilweise dissoziiert und daher der undissoziierte Anteil c(HA) in erster Näherung gleich der Gesamtkonzentration c_s ist:

$$c(HA) \approx c_s \qquad (1)$$

Da außerdem

$$a(H_3O^+) = a(A^-) \text{ ist,} \qquad (2)$$

lautet das Massenwirkungsgesetz für diesen Fall

$$K_s = \frac{a(H_3O^+) \cdot a(A^-)}{c_s}\ . \qquad (3)$$

(2) wird in (3) eingesetzt:

$$K_s = \frac{a^2(H_3O^+)}{c_s}$$

Multipliziert man mit c_s, wird

$$a^2(H_3O^+) = K_s \cdot c_s \ \textit{und}\ a(H_3O^+) = \sqrt{K_s \cdot c_s}\ .$$

$$\sqrt{(K_s \cdot c_s)} = (K_s \cdot c_s)^{\frac{1}{2}}$$

Logarithmieren und Einsetzen von pH = (–1) · log $a(H_3O^+)$ führt zu der wichtigen Gleichung

$$\mathrm{pH} = 1/2 \cdot (\mathrm{p}K_s - \log c_s) = 1/2\ \mathrm{p}K_s - 1/2 \log c_s.$$

Herleitung der HENDERSSON-HASSELBALCH-Gleichung aus dem Massenwirkungsgesetz (s. S. 74):

Nach dem Massenwirkungsgesetz ist

$$K_s = \frac{a(H_3O^+) \cdot a(A^-)}{a(HA)}.$$

Wir stellen die Gleichung um:

$$\frac{a(A^-)}{a(HA)} \cdot K_s = a(H_3O^+)$$

Nach Logarithmieren und Multiplizieren mit –1 ist

$$(-1) \log a(H_3O^+) = (-1) \log K_s + (-1) \log a(HA) - (-1) \log a(A^-).$$

$$(-1) \log a(H_3O^+) = (-1) \log K_s - (-1) \log a(HA) + \log a(A^-).$$

Wir vertauschen und schreiben

$$(-1) \log a(H_3O^+) = (-1) \log K_s + \log a(A^-) - \log a(HA).$$

Dies ergibt

$$pH = pK_s + \log\frac{a(A^-)}{a(HA)}.$$

wofür man mit $c(A^-)$ als Basenkonzentration c_b auch die folgende Gleichung schreiben kann:

$$pH = pK_s + \log\frac{c_b}{c_s}$$

c_s = Konzentration der vorgelegten Säure
c_b = Konzentration der entstehenden Base

Herleitung von Beziehungen für die Konstruktion des Hägg-Diagrammes (s. S. 78):

Zur mathematischen Ableitung des Hägg-Diagrammes gehen wir vom Massenwirkungsgesetz für die Dissoziation einer schwachen Säure S aus. Die Protolyse liefert die korrespondierende Base B^-:

$$S + H_2O \rightleftharpoons H_3O^+ + B^-$$

$$\text{MWG: } K_s = \frac{c(H_3O^+) \cdot c_b}{c_s} \qquad (1)$$

Die Summe der Konzentrationen an Säure c_s und an korrespondierender Base c_b ergibt die Gesamtkonzentration c_0:

$$c_s + c_b = c_0 \tag{2}$$

Wir setzen (2) in (1) ein:

$$K_s = \frac{c(H_3O^+) \cdot c_b}{c_s} \tag{3}$$

Wird c_s ersetzt, ergibt sich das Pendant:

$$K_s = \frac{c(H_3O^+) \cdot c_b}{c_0 - c_b} \tag{4}$$

Wir lösen (3) nach c_s auf:

$$K_s \cdot c_s = c(H_3O^+) \cdot (c_0 - c_s).$$

Ausmultiplizieren ergibt

$$K_s \cdot c_s = c(H_3O^+) \cdot c_0 - c(H_3O^+) \cdot c_s.$$

$$K_s \cdot c_s + c(H_3O^+) \cdot c_s = c(H_3O^+) \cdot c_0.$$

Klammern wir c_s aus

$$c_s \cdot (K_s + c(H_3O^+)) = c(H_3O^+) \cdot c_0$$

und lösen nach c_s auf, erhalten wir

$$c_s = \frac{c(H_3O^+) \cdot c_0}{K_s + c(H_3O^+)}. \tag{5}$$

Für c_b in (4) tun wir nun das gleiche:

$$K_s = \frac{c(H_3O^+) \cdot c_b}{c_0 - c_b}: \tag{4}$$

$$K_s \cdot (c_0 - c_b) = c(H_3O^+) \cdot c_b;$$

$$K_s \cdot c_0 - K_s \cdot c_b = c(H_3O^+) \cdot c_b;$$

$$K_s \cdot c_0 = c(H_3O^+) \cdot c_b + K_s \cdot c_b;$$

$$K_s \cdot c_0 = c_b \cdot (c(H_3O^+) + K_s);$$

$$c_b = \frac{K_s \cdot c_0}{K_s + c(H_3O^+)}. \tag{6}$$

Will man nun die Säurekonzentration c_s im Verlauf der Titration verfolgen, werden wir folgende Fälle unterscheiden:

Zu Titrationsbeginn und in der Anfangsphase der Neutralisation ist sicher

$c(H_3O^+) >> K_s$.

Für diesen Fall vereinfacht sich die Gleichung

$$c_s = \frac{c(H_3O^+) \cdot c_0}{K_s + c(H_3O^+)} \text{ zu} \tag{5}$$

$$c_s = c_0, \text{ weil } K_s \text{ entfällt.} \tag{7}$$

Entsprechend gilt für das Titrationsende

$c(H_3O^+) << K_s$.

Damit entfällt $c(H_3O^+)$ im Nenner:

$$(8)\ c_s = \frac{c(H_3O^+) \cdot c_0}{K_s}$$

Das bedeutet: Zu Titrationsbeginn ist in einem doppelt logarithmischen Diagramm[1] c_s vom pH-Wert unabhängig, weil $\log c_s = \log c_0$ ist. Eine pH-Wert-parallele Gerade bei $\log c_s = \log c_0$ entsteht.

Das Titrationsende ist nach Logarithmieren von (8) bei

$\log c_s = \log c(H_3O^+) + \log c_0 - \log K_s$, oder

$$\log c_s = (-1) \cdot \text{pH} + \text{konst.} \tag{9}$$

Es resultiert also eine Gerade mit der Steigung −1.

Für die Basenkonzentration c_b gilt entsprechend:

Bei $c(H_3O^+) >> K_s$ ist

$c_b = c_0 \cdot K_s / c(H_3O^+)$ und damit

$\log c_b = \log c_0 + \log K_s - \log c(H_3O^+)$.

$$\log c_b = \log c_0 - pK_s + \text{pH}, \tag{10}$$

d.h. die Gerade hat die Steigung +1.

Für

$c(H_3O^+) << K_s$ ist

[1] Ein doppelt logarithmisches Diagramm ist eines, in dem beide Achsen logarithmisch eingeteilt sind.

$$c_b = c_0 \text{ und } \log c_b = \log c_0, \qquad (11)$$

d.h. eine pH-Wert-parallele Gerade beendet den Graphen.

Berechnung des Potentialverlaufs einer Redoxtitration an einem Beispiel (s. S. 104):

Am Beispiel einer Fe^{2+}-Bestimmung mit Ce^{4+} soll der Potentialverlauf für einige Punkte der Titrationskurve berechnet werden.

$$Fe^{2+} + Ce^{4+} \rightleftharpoons Fe^{3+} + Ce^{3+}$$

Die Normalpotentiale der beiden Redoxsysteme betragen

$$E^0\ (Fe^{3+}/Fe^{2+}) = +\,0{,}771\ \text{V und}$$

$$E^0\ (Ce^{4+}/Ce^{3+}) = +\,1{,}61\ \text{V}.$$

Das Ce^{4+} mit seinem höheren Potential ist demnach das Oxidationsmittel.

Am Titrationsbeginn ist noch kein Ce^{4+} zugegeben worden. Jetzt ist das Potential

$$E = E^0 + \frac{0{,}059}{z} \log \frac{a_{\text{Ox}}}{a_{\text{Red}}}.$$

Die Aktivität des Eisen(III) $a(Fe^{3+})$ sollte unbestimmt sein, weil formal $a(Fe^{3+}) = 0$ ist, und $\log a(Fe^{3+}/Fe^{2+})$ damit gegen $-\infty$ geht.

Tatsächlich gibt es aber in einem Redoxsystem immer einen, wenn auch sehr kleinen, Anteil des Redoxpartners. Wir wollen seine Aktivität $a(Fe^{3+})$ mit einem Millionstel der 10^{-4} molaren Eisenlösung, also mit 10^{-10} molar, annehmen. Zu Titrationsbeginn ist also

$$E_{\text{Beginn}} = 0{,}771 + 0{,}059 \cdot \log 10^{-10}/10^{-4} = 0{,}771 + 0{,}059 \cdot \log(-6) =$$
$$0{,}771 + (-0{,}354) = 0{,}417\ \text{V}.$$

Wir unterbrechen die Titration, wenn die Hälfte des Eisens oxidiert ist. Das entspricht bei der Säure-Base-Titration dem Pufferpunkt. In der Lösung gibt es praktisch kein Ce^{4+}, weil wir ja damit titrieren, es durch Oxidation verbraucht wird und wir die Bestimmung unterbrochen haben. Jetzt ist

$$E_{\tau=0{,}5} = 0{,}771 + 0{,}059 \cdot \log(5 \cdot 10^{-5}/5 \cdot 10^{-5}) = 0{,}771\ \text{V}.$$

Man erhält auf diese Weise das Normalpotential $E^0(Fe^{3+}/Fe^{2+})$. Am Äquivalenzpunkt sind die Potentiale der beiden Redoxsysteme Eisen E_1 und Cer E_2 gleich. Damit ist die Potentialdifferenz $\Delta E = E_1 - E_2 = 0$. Das Potential am Äquivalenzpunkt ist daher

$$E_{\text{eq}} = \frac{E_1 + E_2}{2}.$$

Verfolgen wir das Potential über den Äquivalenzpunkt hinaus, bestimmt Cer das Potential der Titrationslösung; wir erhalten bei $\tau = 1{,}5$

$$E = 1{,}61 + 0{,}059 \cdot \log \frac{5 \cdot 10^{-5}}{10^{-4}} = 1{,}61 + 0{,}059 \cdot (-3) = 1{,}59\ \text{V}$$

und für $\tau = 2$

$$E = 1{,}61 + 0{,}059 \cdot \log \frac{10^{-4}}{10^{-4}} = 1{,}61\ \text{V}\,.$$

Beispiel für die Berechnung der Indikatorkonzentration bei Argentometrischer Titration nach MOHR (s. S. 130)**:**

Am Beispiel des Chromats als Endpunktsindikator nach MOHR soll die Berechnung vorgeführt werden, ab wann der Indikator anzeigen wird.

Das Löslichkeitsprodukt des Silberchlorids ist $\text{p}K_L(\text{AgCl}) = 1{,}1 \cdot 10^{-10}$, das des Silberchromats $\text{p}K_L(\text{Ag}_2\text{CrO}_4) = 2 \cdot 10^{-12}$. Es soll nun berechnet werden, wie groß die Silberionenkonzentration am Äquivalenzpunkt ist:

Am Äquivalenzpunkt sind Ausfällungen von Silberchlorid und Silberchromat vorhanden, also ist

$$c(\text{Ag}^+) = c(\text{Cl}^-) = 10^{-5} \text{ und } c(\text{Ag}^+)^2 \cdot c(\text{CrO}_4^{2-}) = L_{\text{Ag2CrO4}}.$$

Die Silberionenkonzentration $c(\text{Ag}^+)$ ist also sowohl

$$c(\text{Ag}^+) = \frac{L_{\text{AgC}l}}{c(\text{Cl}^-)} \quad \text{als auch}$$

$$c(\text{Ag}^+) = \sqrt{\frac{L_{\text{Ag}_2\text{CrO}_4}}{c(\text{CrO}_4^{2-})}}\,, \text{ also ist}$$

$$\frac{L_{\text{AgCl}}}{c(\text{Cl}^-)} = \sqrt{\frac{L_{\text{Ag}_2\text{CrO}_4}}{c(\text{CrO}_4^{2-})}}\,.$$

Stellen wir die Gleichung um: Wir vertauschen Zähler und Nenner, multiplizieren mit L_{AgCl} und dividieren durch $\sqrt{c(\text{CrO}_4^{2-})}$, um die nötige Chloridkonzentration errechnen zu können.

Dadurch erhalten wir:

$$\frac{c(\text{Cl}^-)}{\sqrt{c(\text{CrO}_4^{2-})}} = \frac{L_{\text{AgCl}}}{\sqrt{L_{\text{Ag}_2\text{CrO}_4}}}\,.$$

Wir setzen die Werte der Löslichkeitsprodukte ein:

$$\frac{c(Cl^-)}{\sqrt{c(CrO_4^{2-})}} = \frac{1{,}1 \cdot 10^{-10}}{\sqrt{(2 \cdot 10^{-12})}} = 7{,}78 \cdot 10^{-5} \approx 8 \cdot 10^{-5}.$$

Damit erhalten wir für die gesuchte Chloridkonzentration

$$c(Cl^-) = 8 \cdot 10^{-5} \cdot \sqrt{(CrO_4^{2-})}.$$

Nehmen wir an, 2 ml einer 5prozentigen Chromatlösung seien in 100 ml Titrationslösung gegeben worden, dann beträgt die Chromatkonzentration $c(CrO_4^{2-}) = 5 \cdot 10^{-3}$ M. Diesen Wert setzen wir ein:

$$c(Cl^-) = 8 \cdot 10^{-5} \cdot \sqrt{(5 \cdot 10^{-3})} = 5{,}6 \cdot 10^{-6} \quad \text{und}$$

$$c(Ag^+) = \frac{1{,}1 \cdot 10^{-10}}{5{,}6 \cdot 10^{-6}} = 2 \cdot 10^{-5}.$$

Silberchromat wird also erst dann ausfallen, wenn die Chloridkonzentration den Wert $2 \cdot 10^{-5}$ unterschreitet. Das Ergebnis bedeutet: Die Ausfällung von Silberchromat beginnt kurz nach dem Äquivalenzpunkt, bei dem $c(Cl^-) = 10^{-5}$ ist. Für eine gut sichtbare Ausfällung wird aber ein höherer Silberüberschuß nötig sein.

Wie groß müßte die Chromatkonzentration sein, damit *genau* am Äquivalenzpunkt die Fällung des Silberchromats einsetzt?

Am Äquivalenzpunkt ist

$c(Ag^+) = 10^{-5}$ und

$$c(Ag^+) = \sqrt{\frac{L_{Ag_2CrO_4}}{c(CrO_4^{2-})}}, \text{ also ist}$$

$$c(CrO_4^{2-}) = 2\frac{10^{-12}}{10^{-10}} = 2 \cdot 10^{-2} \quad \text{molar.}$$

Eine Chromatkonzentration von $2 \cdot 10^{-2}$ molar ist das Vierfache der oben angenommenen Konzentration. Diese Konzentration wäre zwar möglich, die Berechnung soll aber unterstreichen, daß die Indikatormenge nicht zu gering bemessen werden soll.

Argentometrische Bestimmung von Barbitursäure (s. S. 131):

Beispiel 5: Bestimmung anderer Stoffe mit Silbernitrat nach BUDDE:

Alle Moleküle, die mit Silberionen undissoziierte, schwerlösliche Niederschläge bilden können, ließen sich argentometrisch bestimmen. Beipiele aus dem Arzneibuch gibt es nicht mehr. Das DAB 9 ließ Barbitursäuren in natriumcarbonathaltigen Lösungen mit Silbernitratlösung titrieren. Dabei entstehen zunächst Natriumsalze der Barbitursäure [Barb]H, die bei Silberzugabe in lösliche, polymere, silberhaltige Natriumsalze im stöchiometrischen Verhältnis 1:1 übergehen. Erst weitere, über den Äquivalenzpunkt hinausgehende, überschüssige Silberionen bilden dann unlösliche, polymere Silbersalze. Man titriert also auf die erste bleibende Trübung.

Ansatzlösung:	[Barb]H + Na^+ + CO_3^{2-} $\rightleftharpoons$ [Barb]-Na^+
Titration:	[Barb]-Na^+ + Ag^+ $\rightleftharpoons$ [Barb-Ag-Barb-Ag]-Na^+
Überschuß:	[Barb-Ag-Barb-Ag]-Na^+ + Ag^+ $\rightarrow$ [Barb-Ag-Barb-Ag]-Ag^+↓

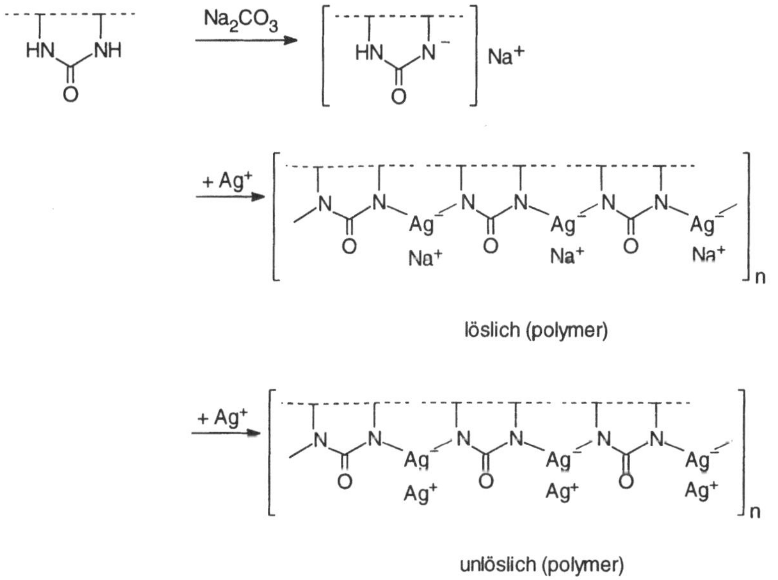

Na_2CO_3

$+ Ag^+$

löslich (polymer)

$+ Ag^+$

unlöslich (polymer)

Bild 4-1 Die argentometrische Barbiturattitration

Tabelle 4-1 Nach Arzneibuch argentometrisch bestimmte Stoffe

Stoff	Behandlung	Verfahren nach/Indikation
Cabromal	nach Abspaltung von Chlorid	VOLHARD
Chlorbutanol	nach Abspaltung von Chlorid	VOLHARD
Chlorbutanol-Hemihydrat	nach Abspaltung von Chlorid	VOLHARD
Cholinchlorid		MOHR
Kaliumbromid		VOLHARD
Kaliumchlorid		VOLHARD
Metrifonat	nach Abspaltung von Chlorid	potentiometrisch
Natriumbromid		VOLHARD
Natriumchlorid		VOLHARD
Silbernitrat		VOLHARD

5 Literatur

Anorganische Chemie

F.A. Cotton, G. Wilkinson, P.L. Gaus, Grundlagen der Anorganischen Chemie, VCH Weinheim 1990

F.A. Cotton, G.Wilkinson, Anorganische Chemie, 1. Nachdruck der 4. Auflage, VCH Weinheim 1985

G. Jander, E. Blasius, Einführung in das anorganisch-chemische Praktikum, 13. Auflage, Hirzel Verlag Stuttgart 1990

G. Jander, E. Blasius, Lehrbuch der analytischen und präparativen anorganischen Chemie, 13. Auflage, Hirzel Verlag Stuttgart 1989

L. Kolditz (Hrsg.), Anorganikum, Barth Verlagsgesellschaft Leipzig 1993

E. Riedel, Anorganische Chemie, 2. Auflage, de Gruyter Verlag Berlin 1990

D.F. Shriver, P.W. Atkins, C.H. Langford, Anorganische Chemie, VCH Weinheim 1992

Analytik

Deutsches Arzneibuch 10. Ausgabe, Kommentar, Wissenschaftliche Verlagsgesellschaft Stuttgart

E. Ehlers, Pharmazeutische Analytik, Band II, 7. Auflage, Jungjohann Verlag Neckarsulm 1992

E. Fluck, M. Becke-Goehring, Einführung in die Theorie der quantitativen Analyse, 7. Auflage, Steinkopff Verlag Darmstadt 1989

J.S. Fritz, G.H. Schenk, Quantitative Analytische Chemie, Vieweg Verlag Braunschweig/Wiesbaden 1989

U. Kunze, Grundlagen der quantitativen Analyse, 3. Auflage, Thieme Verlag Stuttgart 1990

H.P. Latscha, H.A. Klein, Anorganische Chemie, 4. Auflage, Springer Verlag Berlin 1990

H.P. Latscha. H.A. Klein, J. Kessel, Pharmazeutische Analytik, Springer Verlag Berlin 1979

H. Lux, Praktikum der Quantitativen Anorganischen Analyse, 8. Auflage, Verlag J.F. Bergmann 1988

G.O. Müller, Quantitatives anorganisches Praktikum, Band III, 7. Auflage, Verlag Harri Deutsch Thun 1992

H.J. Roth, G. Blaschke, Pharmazeutische Analytik, 3. Auflage, Thieme Verlag Stuttgart 1989

Stöchiometrie

U. Hübschmann, E. Links, Einführung in das chemische Rechnen, 8. Auflage, Verlag Handwerk und Technik Hamburg 1992

F.W. Küster, A. Thiel, Rechentafeln für die Chemische Analytik, 104. Auflage, de Gruyter Verlag Berlin 1993

P. Nylén, N. Wigren, G. Joppien, Einführung in die Stöchiometrie, 18. Auflage, Steinkopff Verlag Darmstadt 1991
W. Wittenberger, Rechnen in der Chemie, Grundoperationen – Stöchiometrie, 13. Auflage, Springer Verlag Wien 1988

Sicherheit

H. Hörath, Giftige Stoffe: Gefahrstoffverordnung. Eine Einführung in die Gesetzes- und Giftkunde, 3. Auflage, Wissenschaftliche Verlagsgesellschaft Stuttgart 1991
B. Kühn, K. Birett, Merkblätter gefährliche Arbeitsstoffe, 10. Auflage, ecomed Verlagsgesellschaft Landsberg/Lech 1992
L. Roth, Gefahrstoff-Entsorgung, ecomed Verlagsgesellschaft Landsberg/Lech 1994
L. Roth, U. Weller, Gefährliche chemische Reaktionen, ecomed Verlagsgesellschaft Landsberg/Lech 1994
Sorbe – Sicherheitstechnische Kenndaten chemischer Stoffe, ecomed Verlagsgesellschaft Landsberg/Lech 1994

Register

Z